シリーズ　後藤新平とは何か――自治・公共・共生・平和

都市デザイン

後藤新平　著

後藤新平歿八十周年記念事業実行委員会　編

藤原書店

「シリーズ 後藤新平とは何か――自治・公共・共生・平和」発刊によせて

本シリーズは、後藤新平歿八十周年を記念した出版である。

幕末に生まれ、明治から昭和初期にかけて、医学者として出発し、後に行政官を経て政治家として数多くの仕事を成し遂げた後藤新平（一八五七―一九二九）。愛知医学校長、内務省衛生局長、台湾総督府民政長官、満鉄初代総裁、鉄道院初代総裁、逓信・内務・外務大臣、東京市長などを歴任した。関東大震災後は、内務大臣兼帝都復興院総裁として東京の復興計画を策定し、今日ある首都・東京の青写真を描く。惜しまれつつも政界を退いた後は、東京放送局（現ＮＨＫ）初代総裁として放送の公共性を訴える一方、少年団（現在のボーイスカウト）日本連盟の初代総裁として、将来を担う子どもたちの育成に力を注いだ。最晩年には、「政治の倫理化」運動を提唱して全国を行脚し、また病身をおして極寒のソ連を訪れ、日ソ友好に向けてスターリンと会談するなど、在野の立場ながら公に身を捧げた生涯だった。

小社では二〇〇四年以来、〈後藤新平の全仕事〉と銘打って、『時代の先覚者・後藤新平』、『〈決定版〉正伝・後藤新平』全八巻、『後藤新平の「仕事」』、『後藤新平大全』など、後藤の全仕事を現代に紹介する出版をしてきた。それらの刊行に、〝後藤新平ブーム〟の到来とささやかれているが、あまりにスケールが大きく、仕事も多岐にわたるため、その全体像を描くことは、又それらの仕事のつながりを有機的に関係づけることは、きわめて困難でもある。しかも、後藤が現代を生きるわれわれに遺してくれた仕事は、百年を経た今日でもいささかもその現代性を失っていない。その仕事の通奏低音とも言うべき一貫した「思想」は何であったのか。そうした問題意識に立って、後藤新平を読み解くことを試みるのがこのシリーズである。

後藤新平ほど、論文や書物や講演が数多く残されている政治家は稀有であろう。本シリーズでは、そうした後藤の膨大な著作群から、「自治」や「公共」といったキー概念を軸に論考を精選して編集する。後藤は、〝生物学的原理〟という、医学者でなければ発想できないような独特な「自治」の思想を生み出した。それを基盤に、都市計画、内政や外交、そして教育などへの発言を各々のテーマに沿って整理することにより、後藤の思想を現代の読者にわかりやすく提示したいと考えている。

収録した後藤のテクストは、現代語にあらため、ルビや注を付すことで、現代の読者にも容易に読めるよう工夫した。また、それぞれのテーマについて、いま最もふさわしいと考えられる第一線の識者のコメントを収録し、後藤の思想を現代の文脈に位置づける手がかりとした。さらに後藤自身の重要な言葉は、エピグラフとして抜粋掲載した。いずれも読者にとって格好の手引きとなろう。

江戸の思想家、熊沢蕃山や横井小楠らの思想の影響を受けつつ、十九世紀後半から二十世紀初頭にかけての世界状勢の中で独自に生み出された後藤新平の「自治」の思想は、「公共」はいうまでもなく、国内の、さらに諸外国との「共生」へと連なり、ひいては「平和」へと結びついていくものである。その意味で、彼の思想は現在はおろか、時代を超えて未来の人々に役立つものと確信する。本シリーズが、二十一世紀に入ったばかりの苦境に陥っている世界や日本の人々にとって、希望を見出す一筋の光にならんことを切に願うものである。

二〇〇九年春三月

藤原書店編集部

後藤新平（ごとう・しんぺい／1857-1929）

水沢藩（現・岩手県奥州市）の医家に生まれる。藩校で学ぶうち，赴任してきた名知事・安場保和に見出される。福島の須賀川医学校で医学を学び，76年，愛知県病院に赴任。80年には弱冠23歳で同病院長兼愛知医学校長に。板垣退助の岐阜遭難事件に駆けつけ名を馳せる。83年内務省衛生局技師，ドイツ留学後同局長。相馬事件に連座したため衛生局を辞すも，陸軍検疫部にて日清戦争帰還兵の検疫に驚異的手腕を発揮し，衛生局長に復す。

1898年，総督児玉源太郎のもと台湾民政局長（後に民政長官）に抜擢され，足かけ9年にわたり台湾近代化に努める。

1906年，児玉の遺志を継いで満鉄初代総裁に就任，2年に満たない在任中に，満洲経営の基礎を築く。

1908年より第二次・第三次桂太郎内閣の逓相。鉄道院総裁・拓殖局副総裁を兼ねた。16年，寺内正毅内閣の内相，ついで外相としてシベリア出兵を主張。

1920年，東京市長となり腐敗した市政の刷新を唱導。また都市計画の発想に立ち，首都東京の青写真を描く（東京改造8億円計画）。在任中の23年にはソ連極東代表のヨッフェを私的に招聘し，日ソ国交回復に尽力する。

1923年の関東大震災直後，第二次山本権兵衛内閣の内相兼帝都復興院総裁となり，大規模な復興計画を立案。

政界引退後も，東京放送局（現ＮＨＫ）初代総裁，少年団（ボーイスカウト）総長を歴任，普通選挙制度の導入を受けて、在野の立場から「政治の倫理化」を訴え，全国を遊説した。また最晩年には，二度の脳溢血発作をおして厳寒のソ連を訪問，日ソ友好のためスターリンと会談した。

1929年，遊説に向かう途上の汽車のなかで三度目の発作に倒れる。京都で死去。

〈シリーズ・後藤新平とは何か〉

都市デザイン——目次

二二一〜三四頁写真　市毛　實
カバーデザイン　作間順子

シリーズ・後藤新平とは何か

都市デザイン

序　日本近代都市計画の父

後藤新平が都市計画の父とされる理由

後藤新平は日本近代都市計画の父といわれる。しかし、それは、大正八年（一九一九）に制定された日本で初めての都市計画法・市街地建築物法の生みの親であったからだけなのか。この都市計画法以前に、日本には、明治二十一年（一八八八）に東京市条例として制定された市区改正があった。これは都心部に幹線道路建設および上水道整備などの基盤整備を目的とした国家的事業であったが、財政難のため、この計画の実現は遅々として進まなかった。それでもこの市区改正は、次第に他の大都市に準用されていくのである。

ところで、一八九八年に台湾に赴任して近代化の陣頭指揮に当った後藤新平も、この市区改正を台北市に適用していたのである。しかし、台北市の市区改正は、東京市などにおける市区改正を遥かに凌ぐ規模であり、コンセプトも異なるもので、台北市全体と近郊との連絡をも含めた壮大な都市計画の実現、すなわち日本で初めての実際的都市計画経営であったのである。

台北市の城壁は解体され、街区は七二・七メートル×一四五・五メートルの大きさを標準とし、道路網を整備、城門に達する主要道路は三線道路、すなわち、中央に車道、その両側に低速車道、さらにその両外側に台湾の風土に適した開渠式下水道と三・六メートルの並木歩道を設け、全幅員四五・五メートル〜七二・七メートルという、当時、日本内地にはないスケールのものであった。旧城門は西門以外は、後藤の指示で残され、それら城門に門前円環(ロータリー)が設けられ、そこを起点に放射状道路網が郊外に向けて延びている。

また、明治三十四年(一九〇一)に公布された「台湾家屋建築規制」では、建築許可の義務と、台湾風に和風・欧風を加味した家屋形式に加えて、強烈な陽射しとスコールを考慮して亭仔脚(軒下アーケード)の義務づけが定められた。この家屋形式や亭仔脚、開渠式下水道、城門を残すなどには、台湾の風土や伝統を重んずるという後藤の生物学的原則に欧州近代文明が加味されていた。さらに天后宮一帯などに公園、水道網は淡水河上流を水源とし、電気は屈尺の発電事業を完成して台北市街全域に送電された。あるいは、統治上の威厳を示すための壮麗なネオ・バロック様式の総督府官邸、総督府庁舎、郵便網、鉄道駅、病院、学校、研究所、市場等々……壮大な近代的都市計画経営が着々と段階的に実行されたのである。すなわち、後藤新平は、日本で初めて真の近代的都市計画を実現した人物で、後藤は日本近代都市計画の父と称されるにふさわしいのである。

満鉄十年計画と後藤の都市像

明治三十九年(一九〇六)十一月十三日、満鉄初代総裁となった後藤は、満鉄を拠点として世界政策を実行する一方で、優秀な若い人材を集め、自ら中心となって「満鉄十年計画」を策定し、ロンドンにおいて発行した社債によって六千万円の資金を得て、満鉄経営に踏み切った。都市関係で言うならば、大連市街の再整備に始まり、満鉄沿線の各駅付属地における大規模な都市計画による市街経営に着手、旅順経営を策し、撫順炭鉱における都市設備に手を付けさせ、広大な長春市街敷地の取得を命じ、ヤマト・ホテルや病院・学校等々を施設させた。こうした「満鉄十年計画」の大部分は、後藤を引継いだ第二代総裁中村是公が忠実に踏襲し組織したのだが、しかもそのとき逓相であった後藤は、満鉄を逓信省の管轄下に置き、十年計画の実現に三年間も睨みを効かせていたのである。総じて「満鉄十年計画」の最初の五年は、満鉄が後藤の指揮下にあったと言える。

このような台湾や満洲での実践的な都市計画経営の経験やそれを通じて欧米の都市についての情報も得ていた後藤は、生物学的原則の上にそれぞれの土地に特有な旧慣や風土と近代文明、特に科学技術とを統合止揚し、さらには未来に対する統計的予測をも踏まえた独特の都市像を持っていたに違いない。こうした後藤の都市像は、H・G・ウェルズの『アンチシペーションズ』に描かれた未来都市など書物から得られた知識だけでなく、台湾時代の欧米視察や満鉄時代の訪露での見聞に支えられていただろうし、さらに後になって、第一次世界大戦後の欧米大旅行においては、戦後の荒廃した諸都市の現状や再建の様子なども実地に観ることによって、より豊かになっていったものと思われる。

都市研究会と八億円計画

後藤が改めて都市というものを考えざるを得なくなったのは、大正六年（一九一七）十月、内田嘉吉らによって都市研究会が発足され、後藤がその会長に就任してからである。当時、後藤は寺内正毅内閣内相兼鉄道院総裁であり、さらには通俗大学評議員でもあり、翌年の四月には外相に転ずるという、極めて多忙な最中にあったのであるが、多くの講演や都市研究会の月刊誌『都市公論』を通じて、都市計画の意義を世人に知らしめ、「都市計画法」制定に向けて努力したのである。大正八年に「都市計画法」が制定されたことはすでに述べた。

しかし、都市そのものの現実と対決せざるを得なくなったのは、まさに東京市長に就任した大正九年（一九二〇）十二月以降である。後藤は都市研究会と連携をとりながら、いわゆる東京改造「八億円計画」を策定したのである。これが本書掲載の「東京市政要綱」である。それは、都市計画に基づいた重要街路の新設・拡築や舗装、街路占用工作物の整理、糞尿・塵芥の処分、上下水道の拡張や改良、教育機関の拡充、港湾修築等々、十六項目にわたり、総額八億円にのぼる計画であった。当時の東京市予算が約一億三千万円、国家予算が十五億円であったから、当時の世人にとっていかに巨額に見えたことか。

この計画が出されると同時に「都市計画と自治の精神」が書かれたが、これは、都市の複雑化が都市計画の必要を生み出し、それは生物学的原則による、市民の健全な自治の上に、綜合的な科学の運用と予見とによって立てられねばならないとしている。特に市民の自治の精神が強調されている。八億円計画については、東京市として可能な限りの実現に努めたが、あとは国の援助を待つほかはなかった。そのことがうやむやになったまま、後藤は、日露問題に没頭するために市長を辞職しなければならなかった。

他方で、後藤の市長就任の経緯が市政の腐敗にあったところから、米国ニューヨーク市の市政腐敗を正した市政調査会に相当するものを東京市に設立するために、後藤はその筋の専門家であるチャールズ・A・ビーアドを招請した。ビーアドは東京市政調査会の設立に尽力し、東京の市政を研究した『東京市政論』を後藤に提出して大正十二年（一九二三）六月に帰米した。そして、この年の九月一日、関東大震災に見舞われたのである。

震災復興計画

大震火災直後に成立した山本権兵衛内閣の内相に就任した後藤は、早速、「帝都復興の議」を内閣に提議した。それは第一方策として復興には国費を用い、財源を内外公債によること、第二方策として一一〇〇万坪の焼土全体を買収し、速やかに土地の整理を実行した上で払い下げる、という二方策を骨格とし、また復興に関する特設官庁を新設することを主張するものであった。問題はこの「罹災地域全体の土地の整理」である。これは、後に実際に適用されたいわゆる「土地区画整理」とは区別されねばならない。本書掲載の「都市計画と地方自治という曼陀羅」には、罹災地域全体を買収して土地の整理をする構想が、「区画整理に段々化けて」いったと述べている。これはまさに、一六六六年のロンドン大火直後、全罹災地域をバロック的な都市計画で再建するとした、クリストファー・レンの案が、地主の反対にあって実現されなかった事実と奇妙に同じ経過をたどったのである。

後藤は、大震火災によって荒廃した地域に何を見たのか。それこそまさに、クリストファー・レンのように全く新しい首都を建設する可能性を見たのではないか。東京市長時代の「八億円計画」のように既存の都市を改造するのではなく、新式の都市、それもウェルズの未来都市にも匹敵する理想的都市建設の可能性を見たのだ。もちろん、後藤の頭の中には、台湾や満洲の都市のこと、ホープレヒトによる大ベルリン環状計画や、セルダらによるバルセロナの新市街計画、さらには世界中の都市のイメージが渦巻いていたのだ。

特設官庁としては、復興院が実現し、後藤はその総裁に就任した。しかしながら、焼土全体の買収案に対しては、そこに多くの私有地を持つ地主たちの猛烈な反対や、あるいは旧市街の復旧でよいとする人々の主張、さらには党争も加わって、後藤の理想都市構想はおろか、復興計画そのものが縮小に縮小を強いられた。もちろん、後藤は東京市民の自治的自覚を促して己の計画の実現に躍起となったのであるが、虎ノ門事件で山本内閣が総辞職し、後藤も下野した後は、復興院も復興局に格下げされてしまった。

それでも後藤はさまざまな形で復興事業を応援したのである。本書に掲載した「帝都復興とは何ぞや」や「復興の過去・現在および将来」などの講演文はそのようなものである。しかし、結局、山手線主要駅の土地区画整理による開発事業と、品川、日本橋、浅草、本所の下町にかけての道路、橋梁、河川事業等々が実現しただけであった。都市計画の父の胸中はいかばかりであったか。ここに、後藤新平という人物を活かしきれなかった近代日本の現実を思い知らされるのである。

（編集部）

I

後藤新平のことば

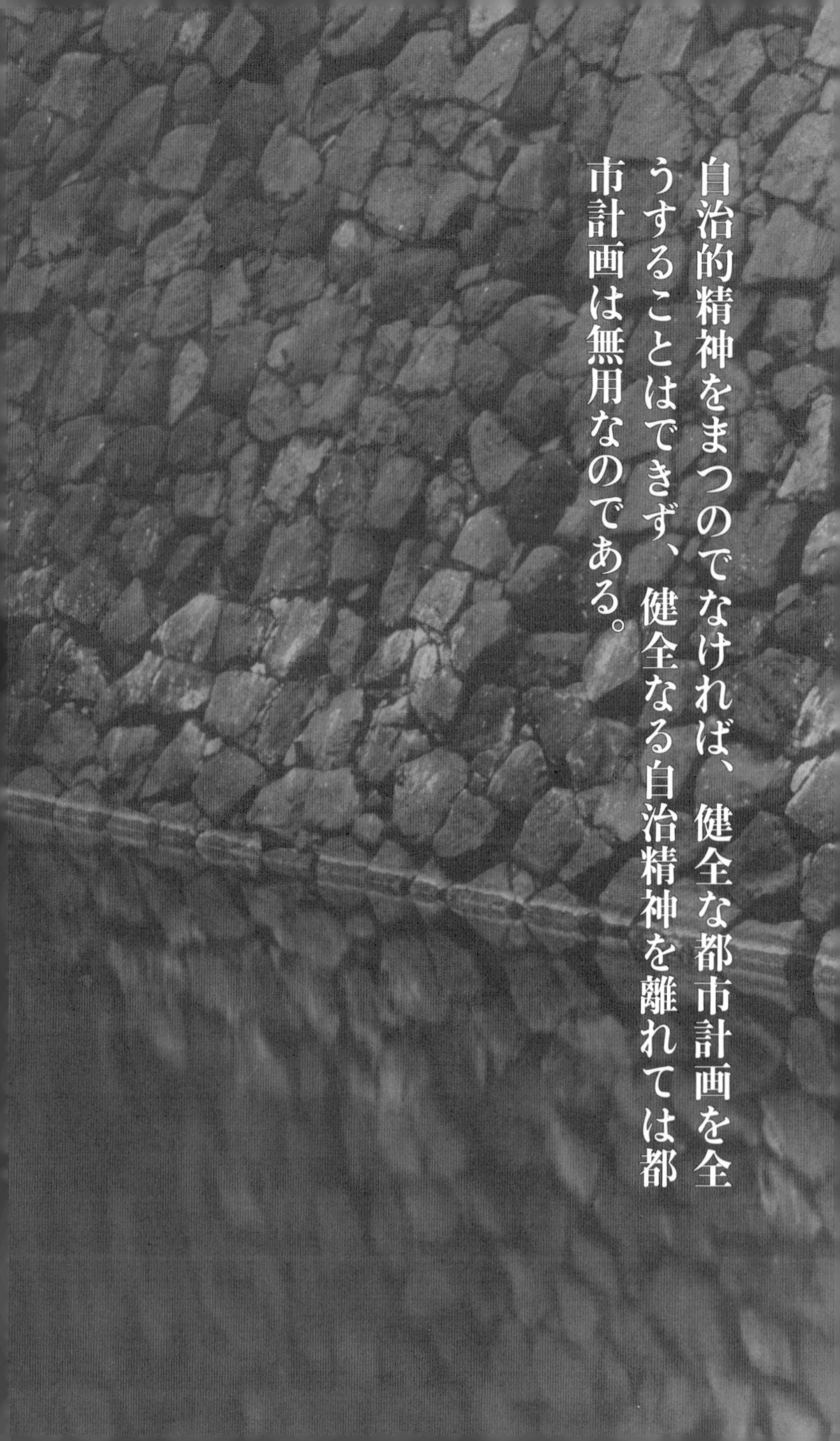

自治的精神をまつのでなければ、健全な都市計画を全うすることはできず、健全なる自治精神を離れては都市計画は無用なのである。

真善美が、都市計画のまた一大要素であって、これがさまざまな計画の上にちゃんと実現されるには、三世貫通、内外透徹の力によらなければならない。三世貫通とは過去、現在、将来の個人がそれぞれに引き継ぐ力であり、内外透徹とは、われわれの歴史の三千年の経過のある都市常住生活、都市をきわめた生活、また海外諸国の歴史についても注意をしなければならないということである。

昔は祈念衛生の時代があった。祈り祈って衛生の幸福を得ようと思うから神をこしらえ、これが竈《かまど》の神、雪隠《せっちん》の神、荒神様、それは必ずしも神道でこしらえたばかりではない。仏教でもやはりそういう風になっている。

都市計画を論ずる人は、直ちにニューヨーク、パリ、ロンドン、ベルリンなどの例を引くであろう。しかし、日本において都市生活の改善をして幸福に生活するところはどこにあるか、わが帝都にあるかないか。

帝都復興その事は、ただ形式の復興に止まらず、また
国民精神の復興を必要といたします。

震災はわれ人共に災いであったが、災いであって、災いに終るものであるか、あるいはこれを転じて福音となして幸いとなすべきものであるかに帰着するのです。

都市というものは最初は人間の足で往復する程度を標準として開け、次には馬の足で開け、次には鉄路、鉄道、次には電力によって開けるものです。そして次第に大きくなる。かくしてふさわしいオルガニゼージョン、すなわち組織編制というものが出てきて、都市は一個の有機体を作る。

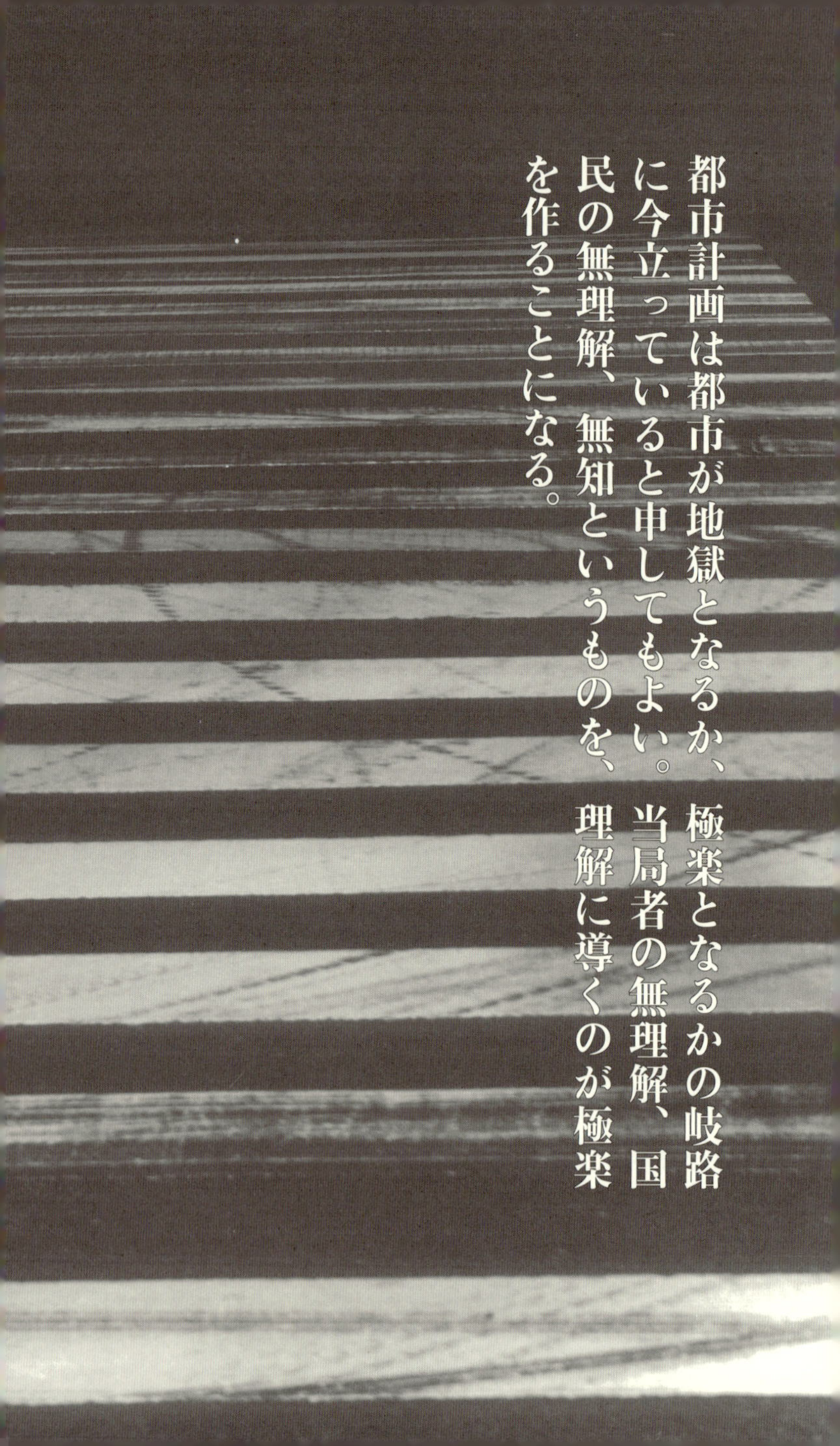

都市計画は都市が地獄となるか、極楽となるかの岐路に今立っていると申してもよい。当局者の無理解、国民の無理解、無知というものを、理解に導くのが極楽を作ることになる。

かつてビーアド博士が私に教えてくれたが、都市は、四つの敵と闘わなければならない。すなわち疫病、無知、貧困、無慈悲である。

II　後藤新平「都市デザイン」を読む

俺の使う槍は二《に》間《けん》柄《え》だ、四畳半では使えない。

後藤新平

●あおやま・やすし
一九四三年生。明治大学公共政策大学院教授。一九六七年都庁入庁。高齢福祉部長、計画部長、政策報道室理事などを経て、石原都政で九九年から四年間、副知事を務める。ペンネーム「郷仙太郎」。著書に『小説後藤新平』（学陽書房）『東京都市論』（かんき出版）『石原都政副知事ノート』（平凡社）『自治体の政策創造』（三省堂）ほか。

後藤新平の都市論——四つの視点

青山佾

人間生活中心の都市論

後藤新平の都市論は、人間中心である。白紙に絵を書いたような都市論とは違う。都市計画は、「生物学の原則に拠らなければならない」と言って、「都市は民衆を離れてはならない」と主張する。後藤新平は医者だったから、都市経営に限らず、政治や植民地経営においても生物学の法則を強調する場合が多いが、都市は人間が集まって暮らすところであるから、後藤新平の生物学の法則が最も説得力をもつ場面である。

後藤新平が東京市長になってつくった「東京市政要綱」は、道路、ごみ処理、社会事業施設、教育、上下水、住宅、電気・ガス、港湾、河川、公園、葬祭場、市場、公会堂など、都市における人間生活に関わる事柄全般をていねいに取り上げた堅実な計画だ。

当時、東京市の予算が約一億三千万円であったのにこの「市政要綱」の必要経費が八億円を要したため、「後藤新平の大風呂敷」と揶揄された。しかしこれは十年ないし十五年の長期に要する経費であり、永年にわたって市民と市財政に利益をもたらす事業である。むしろこの計画は今日において日本の自治体がつくる長期計画のモデルと言ってよい。しかしこの八億円プランは、わずか二年間の東京市長在任中には実現しなかった。

大正十二（一九二三）年九月一日、後藤新平は山本権兵衛内閣で外務大臣に就任するはずだった。台湾民政長官、満鉄総裁そして逓信、内務、外務の各大臣を経験した後藤は、社会主義革命によって誕生したソ連との交渉の最適任者とみられていた。

そこに関東大震災が発生した。後藤は「外務だ、内務だと言っているときではない」と、困難な震災復興を担う内務大臣を引き受けた。そして親任式のあと、一枚のメモをつくった。それには「遷都はしない。復興費用は三十億円。欧米でも最新の都市計画を採用する。地主に対しては断固たる態度で臨む」と書いた。

早速、閣議に「帝都復興の議」を提案した。「東京は日本の首都であり国民文化の根源である。その復興は単に一都市の問題ではなく、日本の発展、国民生活の根本問題だ。被害は大きかったが、理想的な都市を建設するには絶好の機会だ」と言って、「地震は何度もくる。今後、大きな被害を出さないため、公園と道路をつくる」と宣言し、帝都復興計画を作成した。

この帝都復興計画は東京市長時代の「東京市政要綱」を下敷きとしていて、人間生活中心の都市論が貫かれていた。

だから近代的な生活を目指した不燃建築の同潤会アパート、吾妻橋、駒形橋、言問橋、厩橋など、隅田川を橋の博物館とした鉄製の名橋、日本初の海辺公園と言うべき横浜の山下公園、日本初の川辺公園となった東京の隅田公園などたくさんの公園、市民が集い議論するための日比谷公会堂など、人間生活中心の各種都市施設が震災復興でつくられた。

効率性と快適性のバランスがとれた都市論

二十世紀の都市論を貫く原理は効率性だった。二十一世紀の都市論を貫く原理は快適性だ。後藤新平の都市論ではその二つの原理がよくバランスしていた。

快適性という面では同潤会アパート、名橋および各橋に付属した橋詰広場、学校付設公園を含めたたくさんの公園、中央分離帯にみどりを配した昭和通り（戦後、車道にしてしまった）などがあった。

一方、都市の効率性という面では、人々が都市において効率よく生活し事業を営むことができるよう、幅広の道路を建設した。幅四四メートルの昭和通り、三六メートルの靖国通りをはじめとして、日比谷通り、晴海通りなど幅三〇メートルを超す主要な幹線道路がこのとき整備された。戦後つくった環七、環八などがいずれも幅二五メートルにすぎないわけだから、これらの幅広の道路をつくった先見性は瞠目すべきである。

古来、都市の骨格は道路が形成する。古代ローマとヨーロッパしかり、アメリカも同様である。日本でも鎌倉街道、江戸時代の五街道など道路が都市のネットワークを形成した。今日の東京の骨格は後藤新平の震災復興によってつくられた。

合わせて日本橋魚市場は築地に移転した。商業の日本橋と物流の市場を分離したわけで、これは当時の東京の混雑を大いに緩和した。

後藤はH・G・ウェルズの「アンチシペーションズ」を引用して人間の移動手段の進歩を語っている。社会が工業化時代から情報化時代に進化すると人と物の移動が活発化することを見抜いていた。「自動車の数が震災後において倍以上になる」と断言している。

今日、わが国では都市計画という四字熟語を使うより、「まちづくり」という平仮名語を使うことが多くなった。ヨーロッパでも土地利用計画というのではなく「空間計画」（スペィシャル・プランニング）という場合か多くなった。アメリカでも成長管理政策と言っていたものを今では「賢い成長」（スマート・グロウス）と呼ぶ。

これらはいずれも、都市を論ずるとき、従来の都市計画の枠にとらわれず、そこで生活を営む人間を中心として、福祉、教育、経済、環境など、幅広くとらえようという考え方で共通している。効率性と快適性のバランスを尊重しようというのだ。後藤新平はそれを九十年前に考えていた。

後藤は台湾でも満鉄でも東京でも、きちんと調査して計画をつくった。医学を修める前、測量学を勉強していたからだ。明治維新戦争で負けた東北の小藩水沢の出身だが、官軍すなわち占領軍の人たちによって教育を受ける機会を得た。当時、進駐してきた官軍は、東北諸藩に対して給仕となる少年の推薦を依頼し、諸藩は優秀な少年を推薦した。敗戦の怨念を超越して、少年の将来のためになると思ったからである。官軍の将兵も、優秀な少年には身銭を切って教育の機会を与えた。

多角的な教育を受けていたことが後藤のバランスのとれた都市論を形成するのに役立った。

地域自治論に根ざした都市論

後藤新平の都市論はつねに地域の発展に重点を置いていた。「町村が市となるに従ってその弊が増長する」と言っているが、この場合の「弊」は、自治体の規模が大きくなるに従って地域における市民一人一人の自治精神が乏しくなっていくことを憂えているのである。

後藤新平は東京市長時代、「市民一人一人が市長である」「自治は市民の中にあってよそにはない」と言っている。これは現代の地方分権論に対する痛烈な批判である。どこかから権限や財源を分けてもらうのが地方分権であるように誤解している人がいるが、地域からの政策発信こそ地域自治であるという考え方である。「都市の計画は健全な自治の精神を離れてはいけない」と語り、東京にも三百年の間、「自治の観念、自治の習慣、自治の実行について時々消滅したり、時々それが興隆したりする痕跡はある」と言っている。

都市を語るときに自治を語る後藤の姿勢は、ヨーロッパにおける都市自治の歴史と重ね合わせて考えると理解しやすい。ハンザ同盟という都市同盟は、国王の権力から通商の自由を守り、都市の繁栄を確保するために発展した。もともと中世において最初に法人格が認められたのは、都市・商業組合・大学の三つだった。共通点は、国王の権力から自治を獲得することによって進化しようとするところである。

都市は本来的に自由と自治を求める。もちろんそこには市民一人一人の義務と責任を伴う。後藤は「都市計画の上に自由営業を許」し、「鉄道、上下水、電気・ガス、市場、港湾」などの「都市経営公営」を説き、「自治の精神を離れた都市計画は無用」と断じている。現代の都市ガバナンス論は、上から下を「統治」（ガバメント）することを否定し、権力と市民が対等の関係で「協働」することを説く。後藤は都市ガバナンス論の先駆だった。

後藤は都市経営において、人材育成と登用に力を入れた。台湾の民政長官になったときは、土木、建築、農業、工業など各分野にわたる多くの技術者を本土から呼び寄せ、存分に腕を振るわせた。満鉄総裁になったときは、政策形成を扱う調査部や技術開発を行う中央検査所に若手を集め、この蓄積はその後、敗戦後の日本復興を担う人材供給に大いに役立った。

現代において私たちは若者たちに対して、決められた問題に対してあらかじめ決められていた通りに答を出す能力だけでなく、自分で問題を発見し、その答を自分で編み出す能力を要求するようになった。工業化時代の大量生産社会に比べて高度情報社会では、創造的能力が求められる。後藤は百年前に、「科学と情報で生き残れ」と書き残している。後藤は都市をマクロでとらえるだけではなく地域でとらえ、個人でとらえていた。

絵に描いた餅ではなく実現する都市論

内外を問わず、理想の都市計画はたくさんある。しかし実現した都市計画は少ない。後藤の都市論は、絵に描いた餅ではなく実現したからこそ歴史に残った。後藤の復興計画は当初の計画に比べると大幅に縮小されている。各地の地権者が減歩（所有地の一定割合を道路など公共用地のために拠出する）を伴う区画整理に猛反対したからである。復興事業の予算も十分の一にまで削られた。「後藤、敗れたり」と言われたが、後藤は自分の面子より復興を優先し、不人気を承知で大規模な区画整理を断行した。

結果として、震災による焼失面積を上回る三六〇〇ヘクタールの区画整理を実施し、今日の東京の都市計画の基礎をつくった。ちなみに昭和二十（一九四五）年の東京大空襲では約一九〇〇〇ヘクタールを焼失したが戦災復興で実施した区画整理は一六五〇ヘクタール程度にすぎない。

今、東京二三区の道路率（区の面積に占める道路の面積の割合）を高い区から順に並べると、千代田、中央、港の都心三区に伍して、台東、墨田の両区がベスト5に入る。ニューヨーク、パリ並みの道路率二〇%を達成しているのはこの五区だけだ。台東、墨田の道路のかなりの部分が震災復興でできた。

都市計画は、白紙に絵を描くのではなく、現に人が住み、働くまちを、生活や産業を維持しながら改造していく宿命をもっている。後藤は、そういう都市の現実を踏まえて都市計画を立案した。

安全圏に身を置かず、他に責任を転嫁せず、自分で計画を実現する後藤の生き方は共感を呼ぶ。しかし当時、伊藤博文は後藤を「君は生まれるのが早すぎた」と評した。後藤の先駆性はこの時代には理解されなかった。後藤が残したのは名声ではなく現実の都市だった。彼がつくった道路や橋、公園、公会堂を私たちは今でも使っている。一方私たちの世代は、どれだけのものを次の世代に残しただろうか。

後藤は権力の頂点に立つことはなかったが、今日、ロンドン、ニューヨークと並んで成功した世界都市と言われる東京の基礎をつくった。次世代に何かを残す人こそ真の都市計画家ではないか。

後藤新平の「ウルバニズム」　陣内秀信

●じんない・ひでのぶ
一九四七年生。法政大学デザイン工学部建築学科教授。特定非営利活動法人歴史建築保存再生研究所理事。中央区立郷土天文館（タイムドーム明石）館長。東京大学工学部助手・法政大学工学部建築学科助教授を経て現職。『東京の空間人類学』（筑摩書房）でサントリー学芸賞（社会・風俗部門）を受賞した。

後藤が描く都市の全体性

後藤新平の描く都市像は独自の世界をもち、今日的な視点から見ても、なかなか興味深い。医学を学び医者としての経験をもつだけに、生物学を極めた立場から都市を発想する点が、先ずユニークである。「人類生物なる者はすべて総合的な力によって初めて完全になる」と後藤は考えた。その総合する力を後藤は彼流の都市計画に託した。

一般には、近代は逆の方向に歩んでいた。十九世紀半ば以後、欧米で発展し、日本にもたらされた近代の都市の考え方は、伝統的な都市に内包されていた有機的な性格を否定するものだった。分析的科学が発達すると、専門分化が進み、総合性が失われる。機能や用途によって、また階級ごとに住む場所もきれいに分ける近代のゾーニングも、都市の有機性を奪うものだった。後藤新平の奮闘によって、震災復興の昭和初期に登場したモダン東京にも、太い幹線道路が幾つか貫通し、都心下町の市街地に区画整理が見事に適用された。こうして、伝統的な路地や裏地が消え、水辺から江戸情緒が大きく失われたとはいえ、実は、この時代の東京には、都市に集まり住む人々のエートスが生き、多義的な都市の営みが満ちあふれ、ストリートライフも活発だったのである。都市の全体性を捉えるセンスが健在で、有機性はいまだ充分生きていた。「真善美のすべてが調和されまとめられて初めて都市計画がなる」とする後藤の考え方が、そこに反映されていたようにも思える。

後藤の発想は、都市計画という言葉には収まりきらない、西欧でもラテン世界に源をもつ都市の総合学である「ウルバニズム」という考え方に極めて近いものだったと考えられる。

日本にもあった「自治都市」

私の勤める法政大学では、一九八一年に、「都市の復権と都市美の再発見」と銘打ち、イタリアから著名な建築史家、都市計画家を招いて、ローマと東京を比較して論ずる国際シンポジウムを行ったことがある。今思えば、都市美も都市文化も考える余裕なく必死で生き、また駆け抜けてきた戦中、そして戦後復興から高度成長期にかけて、日本人がすっかり忘れてきた真善美の総合される真の都市の在り方を復権する試みだったのであり、後藤新平の都市への発想とまさに相通ずるものだったとも言えるのである。

そして何と言っても、後藤の都市観の根幹をなすのは、市民がもつべき自治的精神である。「自治」の言葉は、日本での都市史研究にとって常に大きな関心の的だったが、時代とともに、その解釈、評価に大きな変化が見られたように思える。先ずは、戦後の長い間、都市の自治といえば、中央広場に市庁舎が聳えるような西欧都市の市民自治をモデルに考える発想が強く、それに比べ日本には、自治都市の伝統が育たなかったと思われがちだった。中国をはじめ、東アジアには自治都市が育たなかったというマックス・ウェーバーの『都市の類型学』のいささか偏見のある見方も影響していただろう。わずかな自治の輝きとしては、キリシタン宣教師が書き残したように商人の町、堺に西欧都市と似た自治都市が成立していたこと、建築史家の西川幸治氏の研究で明らかになった、今井や富田林などの寺内町に一向宗の門徒を中心とする宗教自治都市が発達したことが、例外的な存在として脚光を浴びるに過ぎなかった。

だが、その後、一九七〇年代以降、歴史研究の大いなる進展に伴い、そのトラウマから抜け出て、幕藩体制下の江戸の町にも、市民のはつらつとした都市文化が栄え、町衆の間に、固有のシステムを基礎とした立派な自治の仕組みが地区ごとに成立していたことが描き出されるようになった。

このような我が国で一般的に語られる自治に関する認識の系譜からすると、後藤がこれほど早い段階で強調した「日本にはデモクラシーの観念がある」との指摘は、実に大きな先見性をもっていたということになる。我々の三千年の歴史のある都市常住生活、都市を極めた生活の中に自治がないわけはなく、また、四百年の歴史をもつ東京の都市に自治がないはずがない、と見抜いたのである。

東京市長として市政を担い、後に震災復興のために帝都復興院総裁として東京の復興を任された後藤新平は、この地で都市計画を進めるには、東京市の歴史や習慣を顧みなければならないと考えた。ここでも、都市を生物学的な基礎の上に考えるならば自ずとそこに歴史が含まれる、という後藤の発想の中に、若き日に医学を学んだ個人的な体験が生きていたのである。

市民と協働する都市計画

「都市計画は都市が地獄となるか、極楽となるかの岐路に今立っていると申してもよい」という後藤の言い方は象徴的である。都市計画の善し悪しで、都市は地獄となるか極楽となるかが決まる、というのである。ここで思い出すのは、イタリア中世自治都市の典型、シエナの市庁舎の壁を飾る画家アンブロジオ・ロレンツェッティの都市景観画である。シエナの絶頂期の十四世紀前半に描かれた「良い政府と悪い政府の寓意」と題するこの一対の絵は、市民が賢明にも優れた統治者を選べば都市は平和で繁栄を謳歌でき、逆に、それに失敗すれば悲惨な状況に陥るということを教訓的に物語る。「良い政府」に描かれた活気に溢れる美しい都市と肥沃で平和な空気に包まれた田園は、実は当時のシエナそのものを表現しており、中世自治都市の讃歌の寓意画なのである。

後藤は、都市を生かすも殺すも、都市計画次第だと考えた。彼の真骨頂は、「都市計画そのものは市民の了解、市民の協力に依らねばならない」と考え、「市民の了解及び協力を頼みにして、初めて自治的なことが出来る」と認識していた点である。今日言うところの、「市民との協働」を先取りしていたとも考えられる。

だがそのためには、まさにシエナの「良い政府」が物語るように、市民の自治的理解、賢明なる判断が必要なのであり、学問の民衆化が求められ、都市研究会、講演会の開催などの啓蒙活動も行われたのである。

都市の未来は

それにしても、優れた都市を生み出すには、大きなスケールの構想力をもつ抜きん出たリーダーの存在が不可欠であることを、後藤新平は教えてくれる。彼の存在があって、関東大震災後の東京は、都市計画が効力を発揮し、震災からの復旧ではなく、未来を切り開く真の復興を実現できた。

今日、日本では、官製という堅さが感じられる「都市計画」への信頼が揺らいでいる。むしろ、市民参加のニュアンスをあらわす「町づくり」のことばがもっぱら使われ、さらに柔らかい表現として「まちづくり」の言葉が人気を集める。ワークショップが頻繁に開催され、身近な環境への関心は高まっているが、都市全体はバラバラな状態を呈している。一方で、経済活性化のために規制緩和の方針に基づき、民間のダイナミックな競争原理を導入し、公的な都市計画、骨太な都市づくりの領域や権限を狭める動きが強い。その間に、日本では、大都市も地方の中小都市も、未来に向って進むべき大きな方向性を見失った。今こそ、市民の自治的精神にもとづく健全な都市計画の本意をもう一度取り戻す必要があるのではなかろうか。

●すずき・ひろゆき
一九四五年生。青山学院大学総合文化政策学部教授。東京大学工学部専任講師、ロンドン大学コートゥールド美術史学研究所留学、東京大学助教授を経て東京大学工学系研究科建築学専攻教授に就任(二〇〇九年定年退職)。一九九〇年、『東京の「地霊(ゲニウス・ロキ)」』(文藝春秋)でサントリー学芸賞。二〇〇五年紫綬褒章。

都市衛生と文化

鈴木博之

医学的見地からの都市論

後藤新平が都市計画家として果たした役割は、近代日本のなかでは傑出したものである。医師としての業績から植民地経営者として、台湾での民政長官や満鉄総裁としての職責を全うし、震災復興計画の中心にあって東京の都市計画の骨格を定めていった軌跡は、わが国の都市の歴史のなかで傑出している。

彼の都市把握は、都市の外面の整備に意を注いだ三島通庸や井上馨のような政治家たちとは、明らかに異なっている。三島や井上にとって、都市は政治的キャンペーンのステージであり、文字通り「舞台」であった。それに対して後藤は都市を外面からではなく、その内実から捉えている。後藤にとって都市は生活の場であり、つまりは日常そのものなのである。政治や経済は、日常が成り立って、はじめて動き出す要素であった。では、都市の日常を支えるものは何か。

後藤新平の都市論の基本には、都市衛生が存在している。これは医師であった彼の出自からして当然といえようが、このことが都市計画家としての後藤新平の、都市把握の根本であることは間違いない。都市の日常は衛生環境によって支えられるというのが、後藤の実感であった。それは医学的見地に根ざした都市観であり、公衆衛生や疫学的な都市把握と言ってよいものであるかもしれない。彼は自己の出自を失うことなく、都市に対処しているのである。

この点から興味深いのは、同じ医師として出発している森鷗外が「市区改正ハ果シテ衛生上ノ問題ニ非サルカ」という一八八九年の文章（岩波書店『鷗外全集』二八巻所収）のなかで、都市計画を都市衛生の側面から重視せよと論じていることである。具体的には上下水道の整備をもって都市衛生の根幹とするのである。こうした意識が、森鷗外から後藤新平へと連続していることを注意しておきたいのだ。もっとも鷗外は前記の文章のなかで、市区改正委員のなかに長与専斎が含まれているから、自分がここでわざわざ述べることは、無駄であるかもしれないといったことを述べているので、医学者である長与も鷗外と同じ意識を持っていると信頼していたのであろう。よく知られるように、後藤は長与の推輓を得て医学から行政、都市計画へと道を開くのであるから、都市衛生を基本に据えた都市論は、森鷗外、長与専斎、後藤新平らが共通してもっていた都市理念の根幹であったといえるのかもしれない。

後藤の為政者としての都市観

一般に都市は、道路、上下水道、エネルギー／情報供給のライン（ライフライン）など、インフラストラクチュア（都市基幹施設）と呼ばれるものと、そこに建ち並ぶ建築物、そしてさらにそこに繰り広げられる経済／政治／文化の活動といったソフトな側面があるとされる。一方だけの都市把握は十全なものではない。

しかしながら後藤新平はインフラストラクチュア重視の都市観を前面に出しており、明らかに都市をひとつの方向から見ている。なぜなら後藤は行政家であり為政者であったから、都市を分析するよりも、都市を計画し、現代風にいうなら都市をフィジカルにデザインする立場にあったのである。そうした視点に立てば、都市はインフラストラクチュアの上に成り立つものであり、その根幹には都市衛生の問題があるということは、ごく自然であった。

一九六二年に東京大学工学部に都市工学科が設けられたときにも、この学科の構成は都市計画コースと衛生工学コースのふたつからなるものだった。都市工学という名称は、この専門学科が工学部のなかに設けられたことによるものであり、都市を技術的側面から建設する姿勢の現れであった。極めて単純化してしまうと、都市計画コースというのは道路などの計画であり、衛生工学は上下水道などの計画であった。現在では衛生工学コースは都市環境工学コースと改称されているが、都市衛生を都市造りの一方の根幹に据える点では、戦後の都市工学も後藤新平のラインを踏襲しているといえよう。逆にいうなら、後藤の都市観は工学的、あるいは技術者的都市観であったのではないかということになる。

都市のオーナーとルーラーは誰か

だが、ここで問題を巻き戻してみたい。都市を論じるなかで都市衛生の問題が浮上してくるという図式は、それ自体では、都市の近代化を図る上で極めて大切なことであった。しかしながらそれは都市を論ずることではなく、都市計画を論ずることではないのか。そしてさらに言うなら、これまで都市を論ずるという場合、その多くが都市そのものではなく、都市計画を論じてきたのではなかったか。都市と都市計画とは別のものである。これは誰でも納得するであろう事実である。しかしながら、都市の来し方行く末を論じる場合、ひとはしばしば都市そのものではなく都市の計画のされ方、都市のあるべき計画のすがたを論ずる。

分かりやすい例を挙げるならば、都市史という分野がある。都市の歴史を分析するのが都市史であるが、わが国では都市史とは都市の計画史である場合が多かった。平城京や平安京の計画、江戸の計画、銀座レンガ街、市区改正、官庁集中計画、震災復興計画、戦災復興計画など、計画を並べながら分析してゆくことが都市の歴史の中心をなしてきた。

しかしながら、都市は計画されるものがすべてではない。そして、計画されたものがすべてでもない。都市は為政者によって把握される側面と、居住者なり通過する者、所有する者など、都市のオーナーやユーザーによって把握される側面とがある。為政者は都市のオーナーではないかと見る人もおろうが、そうとは限らない。封建制、あるいは専制君主のもとでは、為政者は都市のオーナーそのものであったかもしれないが、近代化を迎えた都市は私有地のつらなりであり、都市のオーナーは都市地主である。それに対して為政者や都市計画家はオーナーではなく、ルーラー（支配者）である。為政者はともかく、都市計画家はルーラーではあるまいと考える人もいるかもしれない。しかしながら都市計画家は、計画行為を行うという点でルーラーである。都市の「計画」はきわめて権力的な行為であり、支配者の専権事項だといってよいものだからである。

都市におけるオーナー、ユーザー、ルーラー

後藤新平の都市論は、ルーラーとしての都市論であることを理解しておかねばならないと思うのである。ルーラーというと、一気に抑圧的雰囲気が滲みだ

すが、決してそうではない。ルーラーにも良きルーラーと悪しきルーラーがある。後藤は「大風呂敷」といわれようとも、それはあくまでも良きルーラーとしての「大風呂敷」だった。しかし同時にそれはあくまでも、ルーラーとしての、すなわち都市計画者としての都市論なのである。つくる者の視点が後藤の視点である。ルーラーという言葉が強すぎるなら、デザイナーとしての視点が後藤の立脚点であったといってもよい。

しかしながら現在必要とされるのは、都市をユーザーとして、またオーナーとして描くと、どのような都市像が現出するかを検証することであろう。いわばルーラーやデザイナーによって用意された都市を、別の視点から捉え返す作業である。そこにはインフラストラクチュアだけでなくソフトな側面、さらには都市の不可視な部分への着目があろう。後藤新平が良きルーラーあるいは良き牧者としての都市計画家であることを賛美するのではなく、それによっては掬いとれない都市像を拾い上げることであろう。いまの東京の都市基盤の多くが、ルーラーでありデザイナーである後藤新平の手によって用意されたものであるにせよ。

後藤新平の公の視点

藤森照信

●ふじもり・てるのぶ
一九四六年生。東京大学教授を定年退職し、二〇一〇年四月より工学院大学教授。一九八三年『明治の東京計画』（岩波書店）で毎日出版文化賞、東京市政調査会藤田賞。一九八六年『建築探偵の冒険　東京篇』（筑摩書房）でサントリー学芸賞。一九九八年「日本近代の都市・建築史の研究」ほか一連の論文で日本建築学会賞（論文）。

都市への永井荷風的視点

よく知られているように、後藤新平は、関東大震災の復興都市計画を指導し、また、台湾などで古い都市を丸ごと作り変えた。具体的には、道路を作り、水道を引いた。こうした後藤流の都市計画は、戦後、けっこう長いこと、日本の都市のあり方に関心を持つ本読む人々や字を書く人々の間で不評であった。なぜなら、道路は国と行政の権限に属し、戦後の文化的リーダーたちはもともと国も行政も嫌いだったからだ。マア、この嫌悪感はしかたがない。

代りに彼らが支持したのは、永井荷風の目で都市を見ることだった。失われつつある江戸このかたの水辺の味わいとか、入り組んだ下町のディテールとか。

この点は実は欧米でも同じで、ニューヨークの市井の人々の都市の中での振るまいに着目し、そうした視点から都市作りを考えるべきだ、との主張がなされ、世界のその方面に大きな衝撃を与えている。

計画都市ブラジリア

たしかに永井荷風の視点は有効にちがいない。先日、遅ればせながらブラジリアを訪問し、このことを痛く感じ入った。ブラジリアは、古いパリの爆破を夢想したル・コルビュジエの理想を忠実に実行した都市として知られ、戦後、世界の永井荷風的都市論の批判の的になってきた。

で、実際どうだったか。一日目の感動はなみのもんじゃなかった。はじめてパリやローマの街角に立った時と同じくらい感激した。で、二日目、いさんで歩きはじめたのだが、すぐ飽きてしまい、昼メシの後、サンパウロへと退散した。一日都市ブラジリア。

でも、案内してくれたタクシーの運転手はちがった。彼は、ブラジリアの郊外に計画的に形成された衛星都市に小さな住いを構えているのだが、ブラジリアに住むことができたのは人生の最大の幸だと言う。理由は、上下水道が完備しているから子供や年寄りが疫病にならないですむし、住宅地のどんな狭い道にも歩道があるから安心して歩ける。こんないい都市はない、と言うのである。彼は、一日都市ブラジリアを生涯愛しつづけるのだろう。

後藤新平に、ブラジリアを見せたかった。何と言うだろうか。

おそらく、問題はただちに理解し、インフラ整備と生活空間作りの二つは考え方を分けて行なうべきと言うだろう。

そしてさらに語気を強めて言うだろう。「政治がなすべきは、インフラ整備にあり」と。もし誰かが、生活空間作りについて問えば、「その方面に政治が関与してはならない。だから私は言うことがない」と。

そう答えている時、口には出さないが思っていることが後藤にはあったと私はにらんでいる。「生活空間作りに政治は口を出さないが、同時に、永井荷風的視点でインフラ整備に口を出してくれるな」、と。

後藤の生活空間づくり

後藤が全体をリードした関東大震災の復興計画のなかでは、この辺のことはどうなっていたのか。道路、水道のことはよく知られているとおりだが、生活空間作りについてはほとんど触れられていないので述べておきたい。

小学校と下町の裏路次についてである。

復興計画は貴族院などの猛反対によって縮小を余儀なくされているが、小学校についてはからくも計画通りに実行されている。内容は二つからなり、一つは鉄筋コンクリート造による耐震化と不燃化、もう一つは校庭の脇への小公園の付設。

小学校の校庭の塀は外を通る住民が中の子供の様子が見え、しかし中の子供からは外が見えないようにと、大人と子供の目線の中間の高さに決められていた。そうした校庭の脇には、校庭とつながる形で小公園が付設され、学齢前の子供がおじいさんおばあさんに連れられて遊びに来たり、休日は地域の子供たちの遊び場となっていた。小学校を地域のセンターとしてとらえる考え方が芽ばえていたのである。

こうした地域センター的小学校より何より、後藤をトップとする復興計画側が心血を注ぎ、貴族院などの反対を押し切って進めたのは、よく知られているように焼失跡地全地域での区画整理だった。さいわいなんとか計画通りに進められ、震災前とは比較にならないほど充実した道路や公園や小学校の用地が確保されるが、そうした区画整理による町づくりの中で実現しなかったものの一つに裏路次がある。

この件は、これまで誰も触れていないが、区画整理の担当者の伊部貞吉は、下町の様子を調べる中で裏路次の存在の重要性に気づき、車の通る表通りの拡大整備と並んで裏路次を確保しようとした。このことは伊部の区画整理についての報告に出てくる。しかし、表通りのように区画整理に乗せることはかなわなかった。その分、土地を提供しなければいけない住民たちの反対が強かったにちがいない。

にもかかわらず、伊部が指導をしたのか、あるいは住民たちの自主性によるのか、住民たちがなけなしの土地を提供して、私道の形で裏路次がちゃんと作られた一画を私は神田で見ている。

都市計画に公の視点を

先に、政治や行政が上からするのはインフラ整備であり、生活空間作りは上からなすべきでないと書いたが、震災復興計画の実情を調べると、小学校の地域センター化は上からなしてうまくゆき、裏路次化は上からなそうとしたが下（住民）の同意はむずかしく例外的にしか実現していない。

下の視線の重視、下からの発想の大事さを指摘する声は戦後一貫してあらゆる分野で強いのだが、こと都市計画や町づくりについては、簡単でないことが震災復興の経過から分かる。現在の東京の基礎を築いたと評価される震災復興の一大区画整理だって、貴族院に加えて住民の反対は猛烈で、後藤新平を支えていた官僚トップの池田宏はあれやこれや政治的判断をした結果、断念しかかったほどなのである。

政治がインフラ整備をし、生活空間については住民（民間）にまかせるとしても、その住民（民間）が私的利益だけに走るとしたら、いったい誰が日本の町の質の向上を担うのか。後藤新平に続いて今に到る日本の現代都市計画の悩みは絶えない。

後藤の政治理念の肝所は、国でも私でもなく公にこそあったと考えられるが、現代の日本の都市計画において一番大事なのはその公の視点なのである。

Ⅲ

台湾・満洲の都市デザイン

後藤新平の台湾ランドスケープ・デザイン

田中重光

欧米近代都市に魅せられた後藤新平

江戸から明治に変わったとしても都市は一日にしてならず。大路には、厳つい二本差の者、着流しの袖をなびかせて闊歩する浪人風情、小童や商人、小袖姿のご婦人、時折、荷馬車が往来する。大路といえども歩道もなく、土混じりの砂利路で、風が吹けば塵が舞い、雨が降ればたちまちぬかるむ。

つまり、当時は道路という概念はなく、その日の目を見るのは銀座煉瓦街(1)完成まで一〇年を要した。

医者である後藤新平が欧米の近代都市計画をいつ頃から意識したのか。後藤は、一八八三（明治十六）年に長与専斎《ながよせんさい》内務省初代衛生局長の命で衛生局に入った。同期に北里柴三郎がいた。後藤は、翌年の末には銀座煉瓦街完成以来の、東京府知事芳川顕正《よしかわあきまさ》が一八八四（明治十七）年一一月一四日に建議した東京市区改正計画[2]と直面し、都市計画なるものを初めて目にした。つづいてエンデとベックマン、それにホープレヒトによる官庁集中計画[3]との出会いである。長与は東京市区改正審査会委員であり、ホープレヒトが来日した折には東京の案内役を務める。上司と部下との関係で、後藤の好奇心をもってすれば容易に計画案に触れることが可能であろう。なかでも後藤が目を見張ったのがベックマンによるバロック都市計画である。ヴェルサイユ宮殿の都市的な庭園手法を源流とするバロック都市計画はオースマンのパリ大改造計画[4]に反映され、後述するように後藤自身も、台北市区計画でこれを実践に移す。

後藤と切っても切れない人物にW・K・バルトン（一八五六―一九九年）がいる。一八八八（明治二十一）年、帝国大学工科大学（東大の前身）で衛生工学講座を開設する際、政府（長与専斎の推奨）に招聘された上下水道のスペシャリストである。また、内務省の顧問となり、後藤と共に日本の各地を訪問旅行して上下水道普及のための技術指導をおこない、芳川顕正の要請で東京市区改正計画の上下水道も設計する。このように長与、ベックマン、ホープレヒト、芳川、そしてバルトンにいたる後藤を囲む人的ネットワークが形成されたなかで、後藤は欧米の近代都市計画と出会い、その先進性に魅せられる。そしてそれらを検証するかのように一八九〇（明治二十三）年、ドイツ留学へと旅立ち、帰国後、児玉源太郎とともに台湾へ渡り、行政の長として台湾行政、都市施策と都市計画を実行するのである。

黎明期の台湾と劉銘傳

一六八三年にそれまで台湾を占領していた鄭成功の末裔の鄭克爽《ていこくそう》を滅ぼした清朝は、以降、約一九〇年間に亘って消極的な台湾経営を行っていたが、一八七一年の日本による牡丹社事件(5)で覚醒する。清朝は台湾防衛策を講じるため福建郵政大臣の沈保楨《ちんほてい》を派遣、つづいて福建巡撫（知事職）の丁日昌《ていじつしょう》を送り込む。丁日昌は一八八二年に台北府城の建設に着手するが、一八八四年の完成を待たずに台湾をあとにする。遅々として進まない台湾の開発にてこ入れするため清朝は、一八八四年、「洋務派」で張之洞《ちょうしどう》の腹心の劉銘傳《りゅうめいでん》（一八三六―一八九五年）を派遣する。劉銘傳の改革でそののち後藤新平に影響を与えたのが、地租改正のための土地調査を担当する清賦総局、鉄道敷設と管理にあたる鉄道局、電報総局、樟脳の専売を担当する脳務総局、茶税を徴収する茶厘総局、公衆衛生と病気治療を担当する官医局などの各行政機関の設置であった。

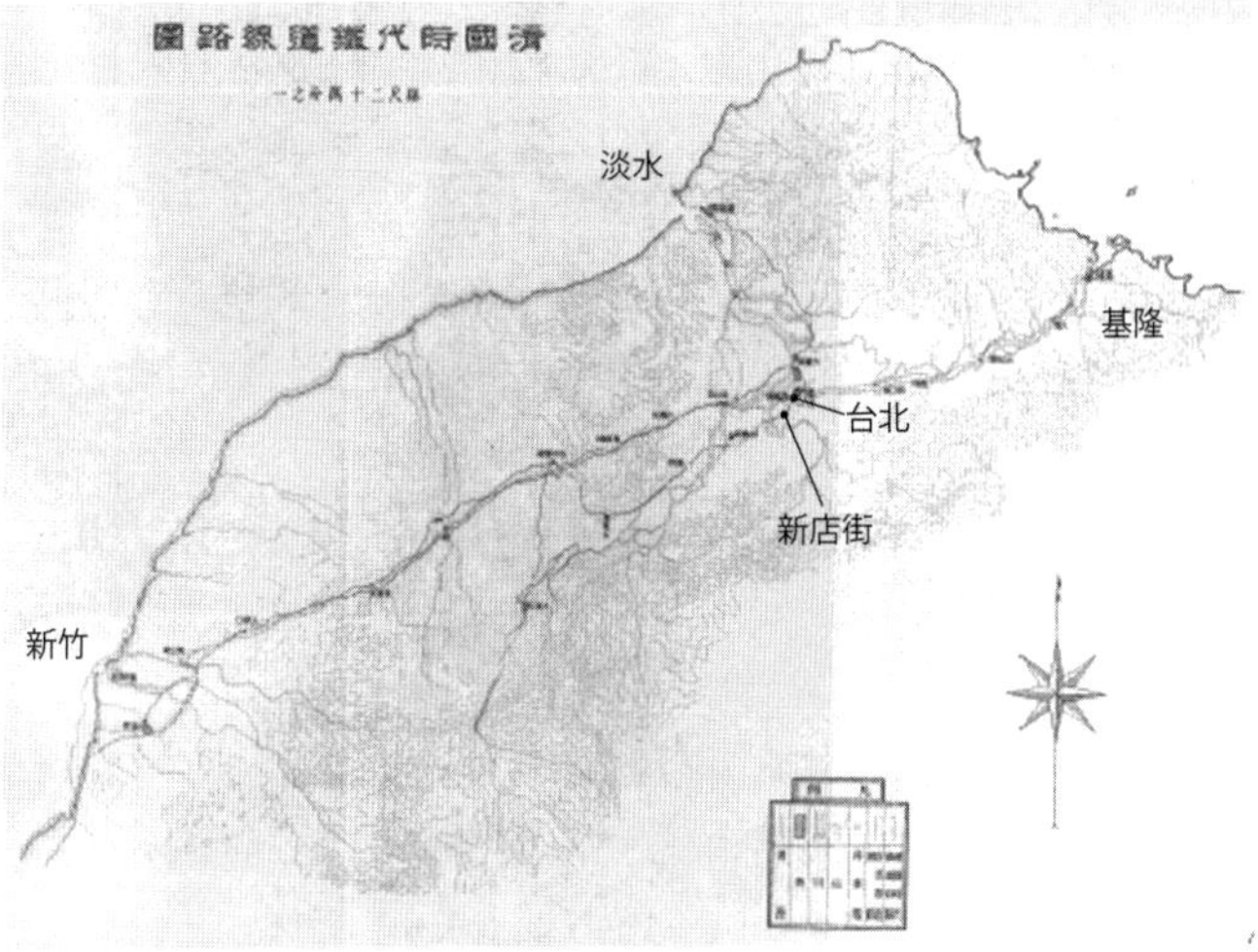

図1　清国劉銘傳の鉄道
（台湾総督府鉄道部『台湾鉄道史、上、下巻』1909、1911年）

劉銘傳は、インフラ整備に力を入れ、そのひとつに鉄道建設がある。銘傳は、上海租界と呉淞《ウースン》間を結ぶ中国で初めての鉄道で、一八七四年に完成はしたものの、沿線の中国人の猛烈な反対にあい営業一年ほどで廃業、撤廃されたレールを再利用した。その時の総監督がイギリス人土木技師G・J・モリソンである。銘傳は部下の劉朝幹《りゅうちょうかん》を事業長、余得昌《よとくしょう》を工事責任者とし、総監督には再びモリソンを上海から招聘した。資金は、当面一〇〇万両の鉄道株券を発行し、投資を広く募集することでまかなった。一八八七年、台北と基隆間の二八・六キロメートルに着工、一八九一年に完成した。また一八八八年には台北から台南まで延長する計画として着工するが、銘傳は一八九一年六月、病気を理由に台湾を去り、後任巡撫の邵友濂《しょうゆうれん》の緊縮政策により新竹止まりとなる。一八九三年、総距離七八・四キロメートルが約一二九万両かけて完成する（図1）。ちなみに走ったのはドイツ製の蒸気機関車で「騰雲《とううん》一号」と呼ばれていた。しかし、軌道や枕木などの品質が悪くて貨物輸送には耐えられず、木製の陸橋は腐り、雨季になると水没して不通となるなど、交通機能を果たさなかった。

劉銘傳は台北城内の主要道路の府前街、府後街、府中街、府直街、撫台街、文武街、文武廟街、石坊街や城外の艋舺《マンカ》（現・萬華）や大稲埕《ダイトウテイ》（現・大同）との連絡街路等を整備。その整備のために五万両かけて路面転圧機のスチール・ローラーを購入している。(6) さらに城内三カ所に井戸を掘り飲料水の確保に努め、汚物処理や環境衛生の向上のための清理街道局を設置した。上海、浙江、障州の豪商を勧誘し、会社設立を奨励して商業の発展を推進する。一八八八年には、小型発電所が撫台街に建設され、城内で初の電燈が各街区で点灯されたとして(7)いるが、真実のほどは不明である。

後藤新平の都市計画――台北市区計画

日本による台湾統治は、一八九五（明治二十八）年、初代総督樺山資紀《かばやますけのり》のもとで開始された。図2は台北初期の地図である。清朝時代に築かれた艋舺をはじめ大稲埕、台北府城に分かれて市街地が形成されていた。樺山資紀、および二代・三代総督の桂太郎、乃木希典《のぎまれすけ》らは、「土匪《どひ》」あるいは「匪徒《ひと》」と称される抗日ゲリラとの闘いに明け暮れる。樺山は在任一年足らず、桂にいたっては在任四カ月で台湾滞在はわずか一〇日間に過ぎず、乃木も六カ月ほどという短期間であった。兵隊はゲリラ戦はもとよりマラリアやペストにかかって死亡するケースが多かった。

一八九八年三月、第四代総督に陸軍中将の児玉源太郎が就任。これに伴って台湾総督府民政局長（後に民政長官）に後藤新平が就いた。先立って一八九六年六月一日、新総督の任に就く桂太郎に連添って、視察目的の伊藤博文首相、西郷従道《さいごうつぐみち》海軍大臣らとともに後藤ははじめて台湾の地を踏んでいる。この時、台湾の衛生状況を視察した結果、もっとも重要な課題は全島の衛生施設の整備、なかでも上下水道の普及であることを痛感した。それと同時に後藤は、この事業を実行する適任者としてバルトンを推薦する。バルトンは当時、帝国大学の衛生工学の教授であったが、後藤は契約期限満了にともない、台湾行きを薦めた。一八九六年八月五日、バルトンは助手として教え子の浜野弥四郎《はまのやしろう》（東大土木卒）を連れて渡台し、台湾総督府（以下・同府と略）の顧問技師職に就任する。バルトンらは、台北と台中の衛生情況調査を開始し、一カ月後、報告書を民政局に提出している。それによると、まず、基隆、台北、台南、澎湖島《ほうこ》、その他の上下水道施設設置の優先順位を示す。つづいて台北市街地については、シンガポールの水道施設を視察したい旨を建議し、これが認められて、「東洋各殖民地を巡視して親しく熱帯亜熱帯地方に適当の設備方法を講ぜしめたる後新加坡《シンクワポ》の先例を採り下水を開渠式分離法に依るの方針を定め爾来台北市街下水溝の設備を進め来り(8)」とし、亜熱帯地方の気候、風土に即した下水方式にひとつの結論を得ている。

バルトンのシンガポール視察後の一八九七年には台北市区改正委員会が組織され、その報告を待って同年の後半、一挙に開渠《かいきょ》式の下水道が施工された。一八九九年四月には、台湾下水道規則、同年六月に府令四八号をもって同施行規則が制定され、下水道の統一と汚水衛生管理が基準化される。これには、バルトンの遺志を受け継いだ浜野弥四郎の功績があった。台北ではいまでも浜野が設計施工した下水道がそのまま使われている(9)。なお一八九八年、バルトンらは、台北市の水源調査のため淡水河上流を視察し、新店街の上流付近において水源適地を発見した。二人はその水源の衛生確保のため、上流に遡り水質を探査するが、炎天下

図２　台北地図（明治29年）
（陸地測量部・臨時測図部）

のなか体調を崩し、療病のため日本に戻ることになる。バルトンは一八九九年八月五日、本郷の大学病院で死去する。享年四十六であった。

第一回市区計画は一九〇〇（明治三十三）年に公布され、同年一一月に台湾で都市計画に関する最初の法制である律令三〇号「市区計画における建築制限に関する規定」が制定された。(10) 一八九六年に設置された民政局臨時土木局（後、民政部土木局）局長・長尾半平（東大土木卒）らが中心となって進められる（図3）。生涯に亘り後藤の片腕となる長尾はバルトンや浜野らと行動を共にした人物で、一八九九（明治三十二）年から一九一〇（明治四十三）年まで市区計画を指揮する。この計画は、おもに城内に限定した道路計画と公園計画であった。総督府の出発が清朝の築いた北門街（現・博愛路）の市政使司《しせいしし》衙門《がもん》や巡撫《じゅんぶ》衙門《がもん》、淡水県署などの旧施設を利用したことから、まず南北にのびる北門街が延長され府前街（現・重慶北路）の一部が拡幅された。さらに府後街（現・公園路）を旧台北府衙と後棚《こうほう》の間の東城壁と並行させて新設し、公園用地を確保している。東西軸には、西門街（現・衡陽路）と現在の介寿《かいじゅ》路の拡幅が実施される。これらの工事は工兵隊の手で進められた。公園は清朝時代の天后宮一帯があてられ、設計は長尾がおこなっている。いずれもこの市区計画がそののち台北の都市構造の骨格となる。

市区計画の進行に伴って、一九〇一年八月には、日本で最初の建築基準法の前身となる律令一四の「台湾家屋建築規制」が制定され、建築許可の義務と制限、および亭仔脚《ていしきゃく》（アーケー

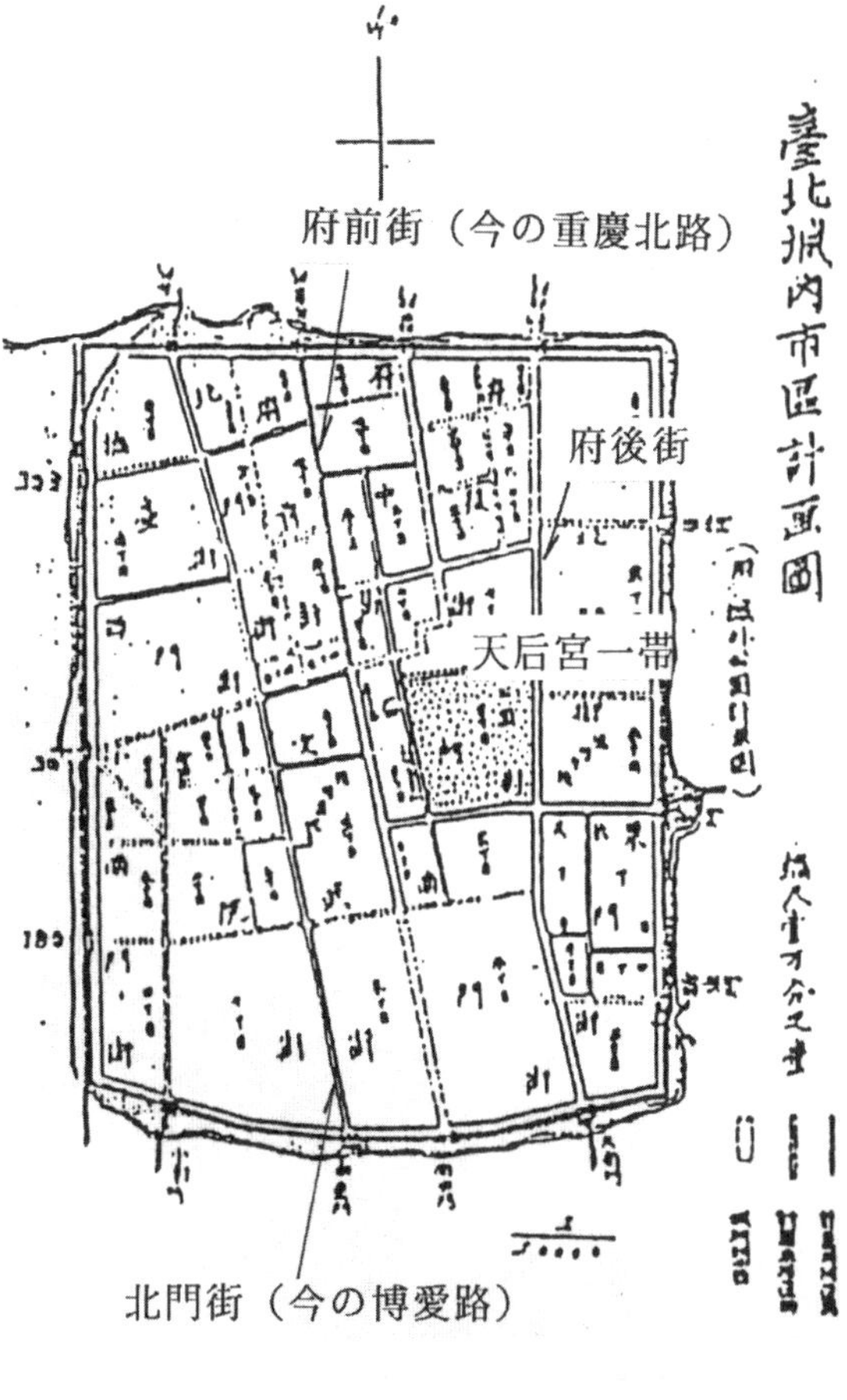

図3　第1回台北市区計画（1900年）
（台北市政府編纂『台北市政二十年史』1940年）

ド）の義務付け等を定めた。この法律は、一八九八年五月一〇日に故バルトンが後藤に推奨した「台湾理想家屋」が原型となっている。

豫而閣下ヨリ衛生上ノ処見陳述スヘキ上……今従来ノ支那風家屋ヲ観ルニ利益ナル点モ不尠《すくなからず》殊ニ軒下側道《けんかそくどう》ノ如キハ縦列光線ノ注射空気ノ流通等ニハ宜シカラス候得共時ニ大雨ニ際シ或ハ炎天ニ於テハ頗《すこぶ》ル其ノ防禦ノ得ルモノト存候乍去深ク衛生的ニ査察致候……家屋ハ甚ダ賛《タタ》ハザル処数多ニ御座候就テハ右模範家屋ノ建築ニ向テハ日本支那風ヲ折衷シ且特ニ欧州ノ風ヲ以テ補ト尚御座候。

わたしは、後藤閣下より衛生上の所見を陳述するよう求められた――今日、従来の支那の家屋をみれば利益となる点も少なくありません。特に、軒下側道なるものは、直射日光の採り入れや通気という点ではよいとはいえないが、大雨の際、あるいは炎天の時にはそれらを防ぐものとおもわれます。家屋については、あまりほめるところはないが、先に述べた軒下側道を理想家屋の建築とし、日本と支那風を折衷して、とくに欧州の様式を補えばなおよいと考えます。

当初、前民政局長の曽根静夫に提議したが、受け入れられず、尊敬する後藤に意見を述べ

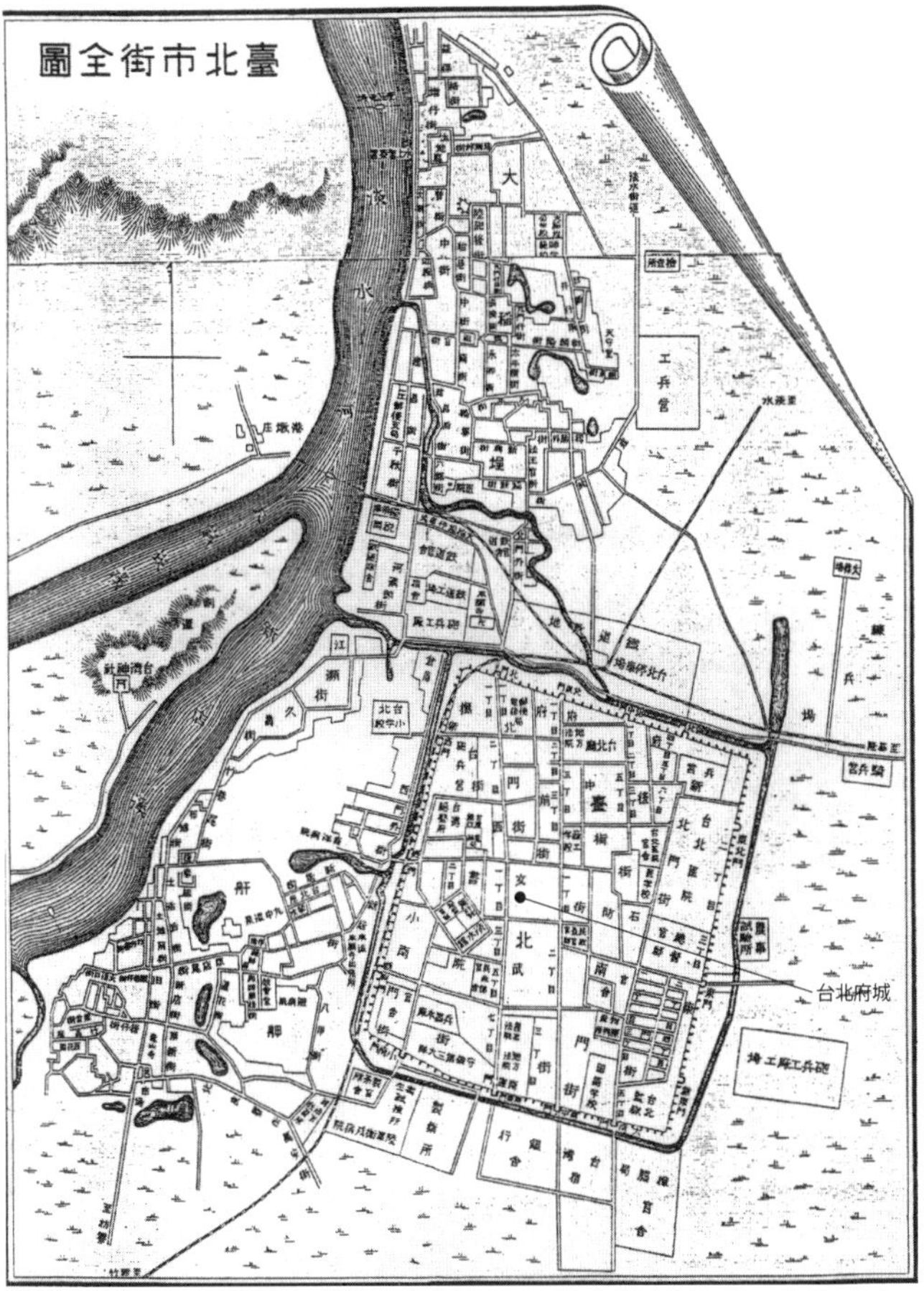

図4　第2回台北市区計画（1901年）
（台北市政府編纂『台北市政二十年史』1940年）

たものである。ここには、従来の家屋にみられる、風土、気候を考慮した「軒下側道」、つまり亭仔脚を台湾の理想家屋の形式とするよう提案している。このようにバルトンの見識と進取精神は技術面で初期台北の後藤新平を支えたのである。

一九〇一（明治三十四）年には第二回市区計画が公示された（図4）。この計画は、府後街や介寿路などの道路新設に伴う城壁の改修とその周りの東門、南門の整備であり、ならびに城内の下水溝改善であった。城内を中心とする〇・七二一平方キロメートルの計画区域面積である。人口は確実に増え、ついに一九〇四年には清朝末期に構築された城壁を撤去することになる。一時期は跡地を環状緑地にしたらどうかという議論もあったが、熱帯性気候の防暑防風を兼ねた新道路建設で一致したようだ。すなわち三線道路の創出であった。

そのため一九〇五（明治三十八）年一〇月に第三回市区計画が公布された（図5）。その計画区域面積は一八・〇六平方キロメートルで、城内を中心に萬華や大稲埕の旧市街地のほか東門や南門、三板橋一帯を含んでいた。長尾のもとで一九〇二から一三年まで建築の土木局営繕課長を務めた野村一郎（東大建築卒）によると「一九二九年まで人口一五万を収容予定」としている。野村も先の長尾とともに後藤が台湾総督府衛生顧問時代に登用した人材である。

野村は、一五万人を収容するにあたって一人あたりの面積を勘案した。まず内外市街地の人口と面積との比例、そのほか諸事情を参酌して、一人あたり城内では平均二〇坪、艋舺一

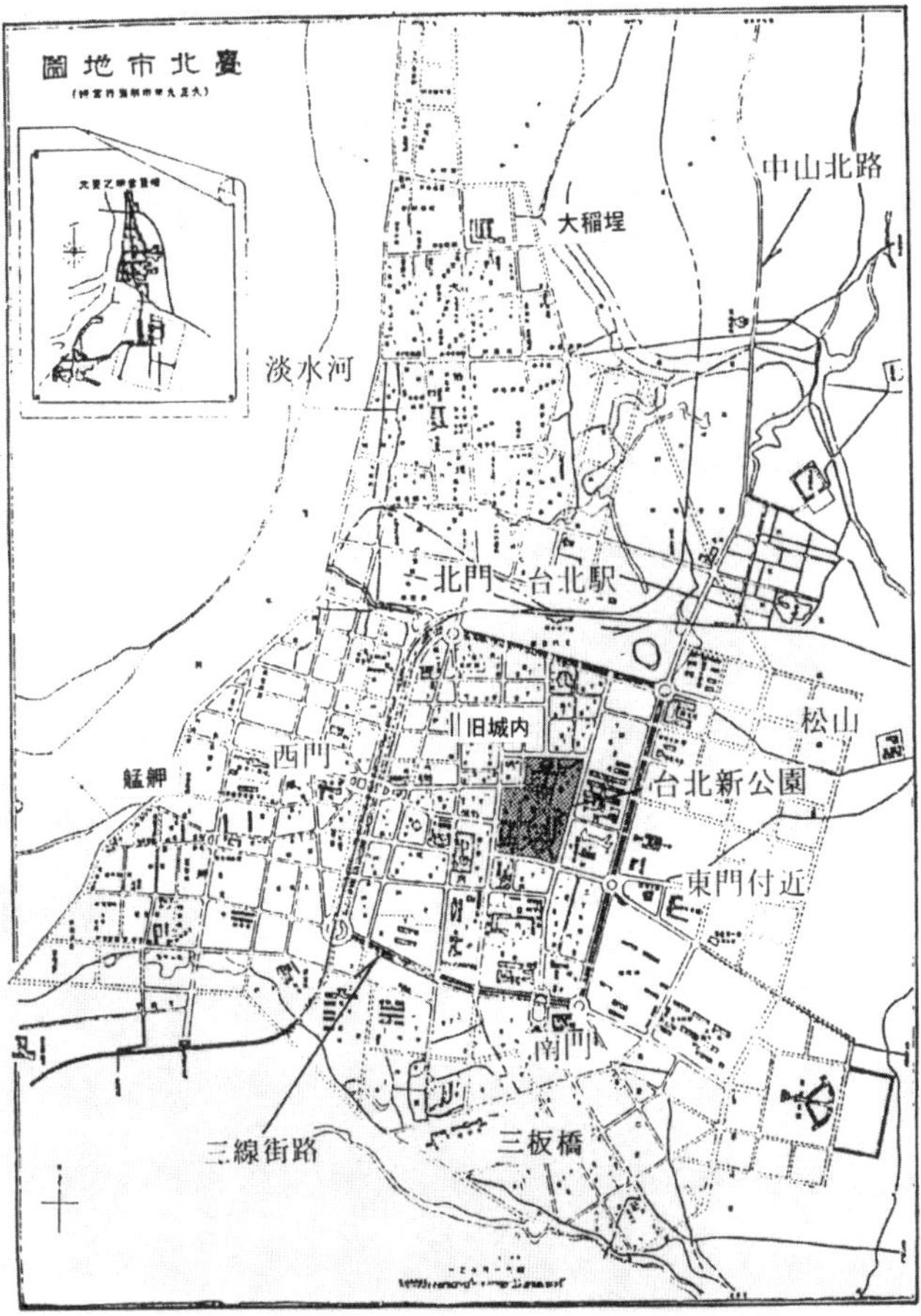

図5　第3回台北市区計画（1905年）
（台北市工務局編『台北市都市建設史稿』同編者、1954年）

二坪、大稲埕一〇坪、また城外東南部では二〇坪という面積を標準として区域の大きさを決めている。また城外の道路網については、南北に長い街となるため、南北軸を縦貫させ、大稲埕と城内との連絡をとり、一方、東西軸において艋舺と城内および台北近郊の村落との交通連絡の用にあてる。ここで重要なのが台北の常風向である。台北は、年間通じて東風が多いため道路を東西より少し南の方向に振り、風による道路の塵芥防止と十分な採光を図っているのだ。そのため街区は四〇間（七二・八メートル）と八〇間（一四五・六メートル）の大きさを標準とした。こうした計画公布は、むしろ第二回市区計画事業が終了する一九〇三年あたりから立案されたが、公布を待たずに城壁解体が先行した。

主要な計画は三線道路と放射状道路網の建設である。後藤は三線道路について当時計画を担当した同府技師の尾辻国吉に「フランス・パリの凱旋門、シャンゼリゼの如く(11)」と指示する。尾辻はドイツの街路樹手法を基に道路設計をおこない、また、街路樹については同府技師で植物学者の田代安定《やすさだ》（一八五七―一九二八年）が台湾の熱帯性気候に配慮しながら欧米の街路樹整備を研究する。

こうして、三線道路の断面形状は、中央に車道、両側に低速車道、その外側に幅三メートルの緑地歩道とし、日本の本土ではまだ見ぬ歩車道分離の近代都市施設であった（図6）。さらに二本の緑地分離帯を通した全幅員二五間（四五・五メートル）―四〇間（七二・八メートル）

図6　三線道路（現・中山南路）
（台湾時報編『台湾事情』1926 年）

図7　三線道路完成の台北鳥瞰図（明治 44 年）
（「修文館」発行）

のブールヴァール(並木付き道路)である。後藤が台湾から満洲に赴任した六年後の一九一三(大正二)年に全線が完成する。現在の中山南路、忠孝西路、中華路、愛国西路にあたる。また、西門以外の清朝の城門は、後藤の指示で残されたビスタ(眺望)を効かせるためのモニュメント(門前円環)として活かされている。放射状道路は、門前円環を起点に主要道路が延び、パリのバロックの都市計画手法を採り入れている。とくに東門から郊外に向けて初期の仁愛《じんあい》路や信義《しんぎ》路、南門から羅斯福《ロウスーフールー》路や愛国《あいこく》東路、西門から西門町や対面の城内にのびる道路などがそれにあたる(図7)。

こうした三線道路や放射状道路網の源泉は、後藤の脳裏にあった本土東京の官庁集中計画(一八八六―一八九〇年)である。たとえば、ベックマンは、博覧会場を中心に据え日本大通りを設け、その西側に国会、東側に官衙施設を対峙させる壮麗なバロック都市計画を披露した。遅れて来日したホープレヒトは、都市計画家らしく一辺おおよそ六〇〇メートル四方のなかに官衙施設を配置し、その周囲を幅員六〇メートルのブールヴァールで囲っていた(図8)。

つまり台北の道路形態は、ホープレヒト案の三線道路と、ベックマン案の放射状道路網との折衷案であったのである。こうして日本本土を離れた南方の台北で、後藤の夢見た壮麗で都市美を演出した欧米近代都市計画が実現したのである。この功績は以降、赴任先の満洲や日本本土の都市計画へと大きく影響するのである。

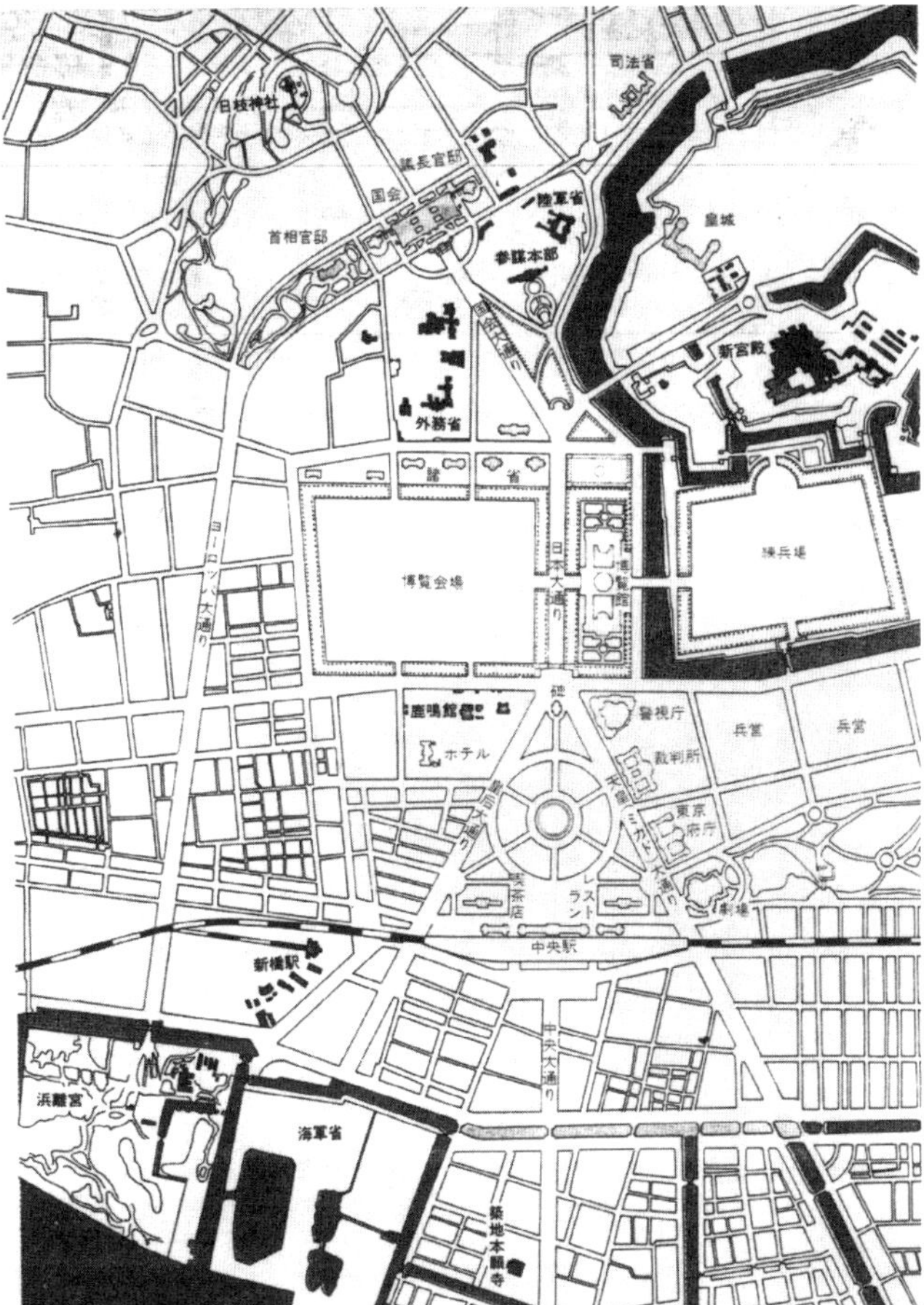

図8　日本本土の官庁集中計画

（藤森照信『明治の東京計画』岩波書店、1990 年）

都市と地方を結ぶ大動脈——インフラストラクチャー整備

後藤の主導のもとアヘンに重税をかけ、煙草や酒類を無税として嗜好の転換誘導を狙いながら、生産性の向上を奨励するとともに、全台湾において一八九八年から六年間にわたって土地調査が開始され、地租徴収の進化が図られた。その進化論的発想は、一九〇一（明治三十四）年の旧慣習調査、〇三年の戸籍調査へと通じ、一方で後藤は、産業の振興と経済活動の基盤となるインフラ整備事業へと乗り出す。生物学的視点は、つまりは自然科学の分野へと移行することである。後藤は、ドイツ仕込みの連鎖反応を示す。[12]

拓殖の要領は、みずから民情を斟酌して、其の方針を定めなければいけない。といえども、この拓殖事業に至っては、今日の科学的政策を採る必要がある。すなわち第一に鉄道、郵便、電信、汽船等を初めとし道路、治水、上下水道、病院および学校のなどを設置し、次に殖産工業の収税などの改良に着手すべきである。国家誕生の基礎には社会資本の充実が不可欠であり、この拓殖こそがまさに科学的な観察と思考からはじまり、これらがまた有機的な連鎖反応をなすと後藤は考えたのである。

その連鎖の大動脈にあたるのが台湾縦貫鉄道の建設であった。先立って一八九五（明治二十八）年、講和条約調印後、日本軍は台湾に上陸するが、劉銘傳の築いた軽便鉄道は用をなさず、逓信省技師の小山保正（のちに同府民政局技師）が派遣され、基隆から台北までの路線を改修している。この間、縦貫鉄道建設は初代総督樺山資紀が「内外の防御」に備えるという軍事上の理由で日本政府の了解を得て、ただちに台北と新竹間で着工された。ところが新竹から先の高雄までの路線選定で、海からの攻撃が回避できかつゲリラ追討に利用できる軍部の押す山沿い派と、人口密度が高く産業の立地・集積に重点を置く産業振興の押す海沿い派とが対立する。これに終止符を打ったのが着任間もない後藤であった。後藤は即座に後者を支持し、その工事と運営規模からみて官設鉄道に切り換え、臨時台湾鉄道敷設部（のちの鉄道部）を設置、自ら部長に就き、長尾半平や高橋辰次郎ら技師長に据え、さらにこの建設の功労者となる長谷川謹介《きんすけ》（鉄道工技生養成所・一八七七卒）を日本本土から呼び寄せて総指揮者に起用し、一八九九（明治三十二）年、本格的な工事に着手する。[13]谷間の迫る粗末な既成路線はほとんど撤去して工事が進められ、基隆から新竹間の既成線路一〇七キロメートルを九

図９　台湾駅と長谷川謹介像

九キロメートルに短縮して完成する。さらに新竹から高雄に向けて工事が開始され、一九〇八（明治四十一）年に全長四〇〇・二キロメートルが完成する（図9）。良港を持った北部の基隆と南部の高雄が結ばれたことで、迅速な大量輸送が可能となり、各地方の砂糖、樟脳、茶、台湾米などの生産と集積が加速した。一九〇八年には西部平原縦貫鉄道も開通、これに私鉄鉄道三〇〇〇キロメートルも同府指導の下に順次敷設され、陸、海上共に交通のネットワークが整備された。縦貫鉄道の完成から一〇〇年の現在、日本の新幹線技術が輸出され、再び台湾の鉄道に新しい歴史がもたらされている。

劉銘傳のころの道路建設は、宜蘭《ギラン》から台東、台東から雲林、台東から鳳山の三線が作られたが、原住民の襲撃や疫病の弊害もあって未完成のまま放置され、実用の域に達していない。台湾ではじめて公道を作ったのは日本による台湾討伐軍の工兵隊である。原野や森林を開墾して軍用道路が築かれる。これは縦貫鉄道建設と並行して幹線道路が各駅を起点に整備が進められ、植民化五年後の一九〇〇年には約二万キロメートルの距離に達している。ちなみに統治五〇年間に整備、完成した幹線道路は約三六九〇キロメートル、一般道路（県道）一万六〇〇〇キロメートルにいたる。(14)

基隆港はスペイン、鄭成功、アメリカと良好な立地ゆえに歴史の狭間で翻弄される。短命に終わった劉銘傳も、築港計画のみで失墜した。後藤はここに五期（戦争のため実際は四期に終

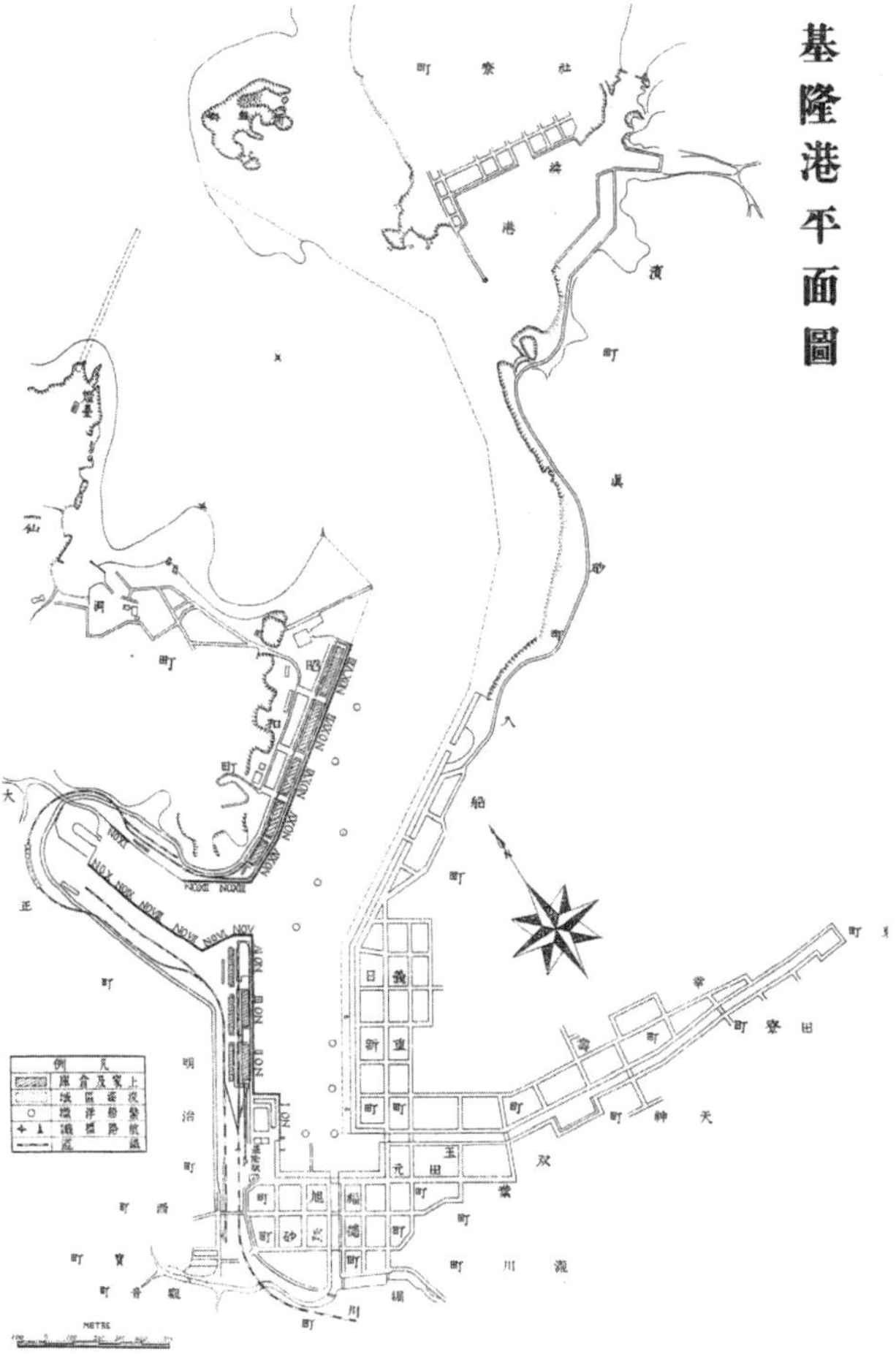

図 10　基隆港平面図
（台湾総督府交通局道路港湾課『台湾の港湾』1935 年）

わる）に亘る大規模な築港工事を開始する（図10）。そこでは、同府技師の川上浩二郎（東大土木・一八九八卒）が活躍する。一八九九（明治三十二）年から一九一二（明治四十五）年までの二期に亘って、港湾内に点在した暗礁を撤去、入江には大型造船所と軍港区域や漁港区域、埠頭倉庫を建設、これを縦貫鉄道と幹線道路に連結させ、港内には六〇〇〇トン級の船舶一三隻の停留を可能とした。のちには一万トン以下の船舶が二五隻ほど繋留される。同じく高雄港も川上によって、南方への拠点港として整備され、三四隻の繋留が可能となる（図11）。高雄港はのちに日本海軍による東南アジア侵攻の基地になる。

主要都市には水道が引かれ、一部で下水道も完備されて、これらは日本本土よりも先行していた。また、総督府立の総合病院は各地の一二個所に設置され、台湾の有史以来、ペストやマラリアの伝染病もほとんど絶滅した。統治期間中に人口は三倍に増加する。

郵政や電信・電話事業も同府の民政局の下で、伸展する。なかでも電信は一八九九（明治三十二）年一一月には海底線を使用した国際電信条約会社によって開通し、厦門《アモイ》、福州、汕頭や広東と毎月約六〇通の通信を交わしている。日本本土との通信はのちの一九一〇（明治四十三）年淡水と長崎間の海底線（二重線）で交信を開始する。総延長約六七二海里、工事費一一四万円を要している。そして野戦郵便局から出発した郵政と電信は郵便制度の中に組み込まれ、縦貫鉄道の開通に伴って各地へと整備されていく。(15)

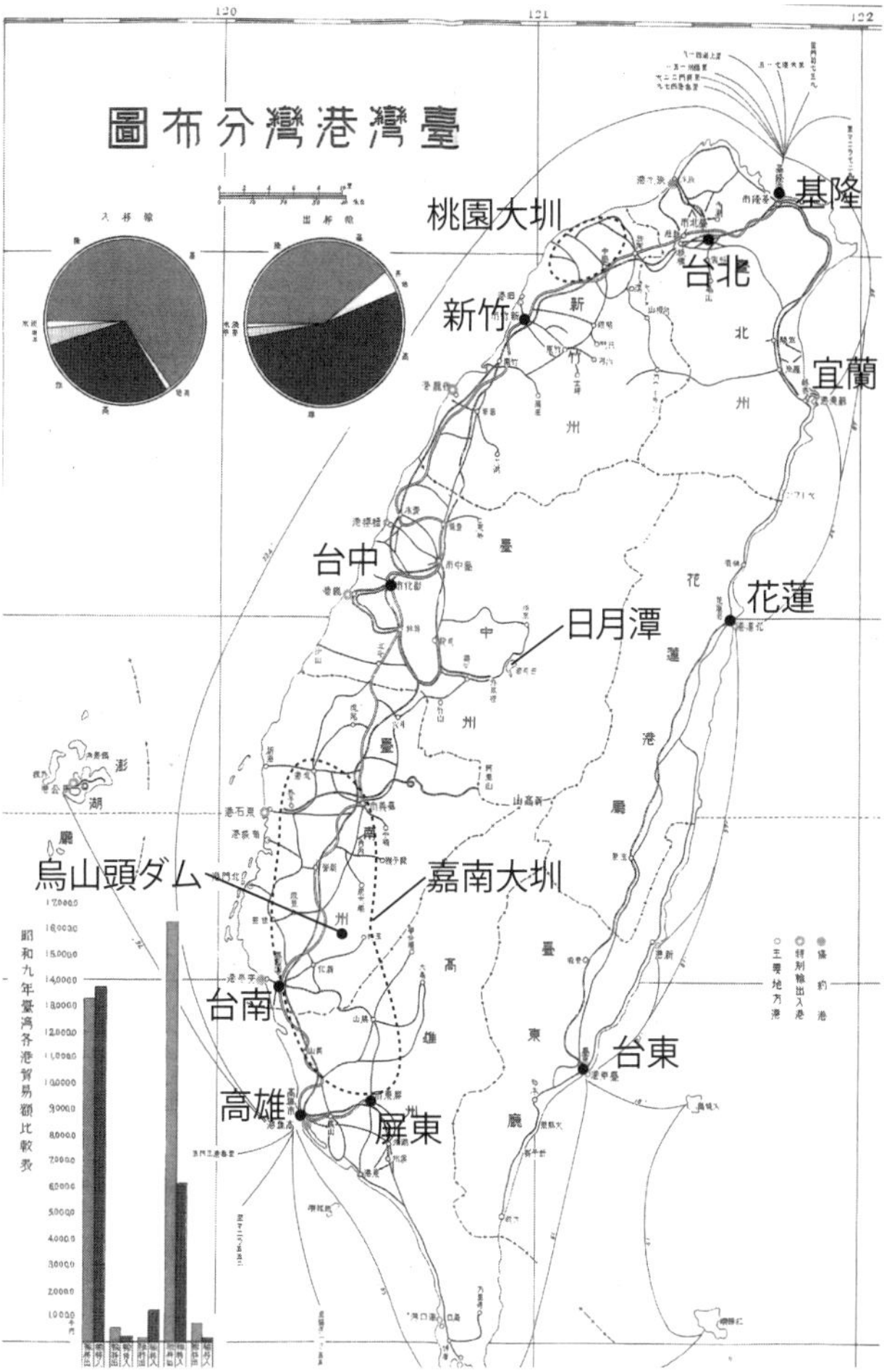

図11　台湾港湾分布図
（出典：前掲『台湾の港湾』）

電気の整備も台北が起点となる。(16) 日本本土では明治十六年に東京電燈会社が設立されたが、電送にいたるのは、遅れて一九〇二（明治三十五）年頃である。台北では同年の冬、台北南西部の河川新店渓の落差を利用して民間の土倉竜次郎が水力発電所を設け、台北電気株式会社を設立し、これが電気事業の嚆矢となる。後藤はバルトンと共に淡水河上流の新店渓で水源を発見した経験からこの地に注目していた。縦貫鉄道の建設工事進捗に並行して電気需要も高まり、後藤はすぐさま事業の確実性を得るため官営事業とし、翌年一一月、台北電気株式会社を吸収して台北電気作業所を創設、土匪《どひ》と抗争しながら一九〇五（明治三十八）年七月、新店渓の亀山第一発電所で五〇〇キロワットを発電、台北への送電線路も完成して同年九月一一日から台北三市街地へ電気を供給した。一九〇七（明治四十）年発電機一台を増設して七五〇キロワット、同年五月同地の小粗坑に第二発電所を設置して二四〇〇キロワットを発電、一九〇九（明治四十二）年年九月には基隆地方へ送電を開始する。縦貫鉄道や基隆港、高雄港の完成に伴って各地に発電所が建設され、明治期には六五〇〇キロワット、電灯四万八七〇〇灯余りを供給するにいたる。以降の一九一九（大正八）年四月、台湾をこよなく愛した台湾総督の明石元二郎と同府医学校長を務めた高木友枝《たかぎともえ》（東大医学卒一八五八―一九四三年）は台湾電力株式会社を創設。八田の上司である同府土木課長の山形要助（東大土木卒・のちに局長）と国弘長重らが水源探索に奔走し、台湾で最も大きい湖で風光明媚な日月潭《にちげつたん》を選定、一九一九（大正八）年に水力発電所工事が開始され、一九三四（昭和九）年四月に完成する。総工事費は六八〇〇万円で同府の年間予算を越えていた。一〇万一〇〇〇キロワットの発電量は台湾の水力発電所全体の半分以上を占める。大甲渓《だいこうけい》発電所含めて、一九三五年頃には水力発電所二六カ所、火力発電所九カ所となり発電所建設は一応の終了となる。

治水と灌漑事業において、後藤新平の遺伝子は若い世代に受け継がれる。後藤と同様に大風呂敷の異名を持つのが同府内務局土木技師の八田與一《はったよいち》（東大土木卒・一八八六―一九四二年）である。現在の台湾では後藤に次いで尊敬される人物であるが、当時の同府内では係長止まりと冷遇される。

八田は台北南部の桃園《とうえん》台地を農業用に灌漑する桃園大圳《たいしゅう》の調査を開始、一九一六（大正五）年五月に着工、灌漑面積三万五〇〇〇町歩を五年かけて完成させ石門ダムのベースを作る。つづいて一九一八（大正七）年、八田は台湾南部、嘉南平野の嘉南大圳《かなんたいしゅう》の調査をおこなった。嘉義・台南両市域も同平野の区域に入るほど、嘉南平野は台湾の中では広大な面積を持っていた。しかし、灌漑設備が不十分であったためこの地域の一五万ヘクタールほどもある田畑は常に旱魃《かんばつ》の危険にさらされていた。そこで八田は、のちに国務大臣を務める民政長官下村海南に一任し、官田渓の水をせき止め、さらに隧道を建設して曽文渓から水を引き込んで烏《う》山頭《さんとう》ダムを建設する計画を議会に提出した。事業は受益者が「官田渓埤《ひ》圳《しゅう》組合（のちの嘉南大圳組合)」を結成して施行し、半額を国費で賄うこととなった。このため八田は同府を辞職して組合付き技師となる。一九二〇(大正九)年から工事が始まり、一九三〇(昭和五)年に完成する。そして総工費五四〇〇万円をかけて、満水面積一〇〇〇ヘクタール、有効貯水量一億五〇〇〇万立法メートルの大貯水池をもつ烏山頭ダムが完成、水路網も嘉南平野一帯に総延長一万六〇〇〇キロメートルにわたって細かくはりめぐらされた。この事業は台湾製糖株式会社に入った鳥居信平(東大農科卒)による屏東の灌漑利水へと受け継がれる。(17)

後の文装的武備につながる新古典主義建築

後藤は、都市計画では科学技術による環境衛生の改善手法を採ったが、建築については対外的に日本の文明を示すという位置づけであった。後に、満洲経営にあたって方針とした「文装的武備《ぶんそうてきぶび》」につながるものである。だからこそ建築物は、粗末で貧弱な設《しつら》えであってはならない。その旗印となるのが台湾総督府庁舎建設である。

後藤は一〇年近く辣腕《らつわん》を振るった台湾に別れを告げ、満洲に転出する。その置き土産は台湾総督府庁舎建設を設計懸賞(設計コンペ)でおこなうこと、賞金が大きければ大きいだけ応募者も真剣になり、よいものが選べるとの理由で自ら率先して三万円を寄付したことであった。翌年の一九〇七（明治四十）年五月二七日、日本初の本格的な設計コンペの募集規程が発表された。当選者は乙賞金の長野宇平治《うへいじ》であったが、アイデアだけが採用されて営繕課の森山松之助《まつのすけ》が実施設計を担当する。一九一二年に着工、一九一九年に完成した総督府庁舎は異様であった（図12）。まず、中央の塔の高さである。長野案の塔部は七層であったが、森山改変は一一層と驚異的に高くなり、そのうえ頂部の精緻な装飾はまさに、統治者の威厳を表現したのであった。象徴的な塔をさらに際立たせる要素となっているのが、玄関とその両側の小塔の塊群《かいぐん》である。というのも塔全体の高さは、塊《かたまり》の高さの二・五倍となっているからである。また、日本を代表する古典主義の建築家らしく低層部はやや控えめの半円アーチを並べる長野案に対し、森山案は明治後期から一八七〇年以降に日本で流行したイギリスのチューダー朝のクイーン・アン・リヴァイヴル様式を盛んに採り入れ、白花崗岩（御影石）と赤煉瓦を使ったストライプで過剰とも思えるほどに装飾されている。

図12　台湾総督府庁舎
（前掲・台湾時報編『台湾事情』）

台湾ランドスケープ・デザイン

一九〇六（明治三十九）年一一月一三日、後藤は台湾を去り、満鉄総裁に就く。台北の経験を活かして満洲の長春や奉天、大連の市街地計画を指導する。後藤は就任二年後の一九〇八年、満鉄経営を軌道に乗せ、その労が報われて第二次桂内閣の逓信大臣兼鉄道院総裁に就任すると、台湾から長尾半平や長谷川謹介らを呼び戻して鉄道院の主要なポストに就け、今度は日本本土の鉄道を敷設するのである。一九一六年には日本初の都市計画法と市街地建築物法（現・建築基準法）の公布を実現させる。一九一七年、日本で最初の都市計画研究機関である都市研究会（現・東京市政調査会）を設立して会長に就任。一九二〇年には東京市長に就任すると「東京市政要綱」という八億円の事業予算で都市改造を提唱する。一九二三（大正十二）年、関東大震災の翌日に成立した山本権兵衛内閣の内務大臣（復興院総裁兼任）に就任すると、後藤は早速〝復旧ではなく復興を〟と「帝都復興ノ議」を提議。四〇億円の当初案はことごとく変更されるが、四億六〇〇〇万円の縮小案で、山の手線内主要駅の土地区画整理による開発事業と品川、日本橋、浅草、本所の下町の道路、橋梁、河川事業を実現させた。こうして後藤は日本の近代都市計画を切り拓いた「都市計画の父」と称されることとなった。その原点となるのがこの台北都市計画であり、台湾のランドスケープ・デザインであったのである。

注

（1）明治五年二月和田倉門から銀座の下町に広がった火災は、奇しくも東京を近代都市計画に向わせるきっかけとなった。大隈重信に見出された大蔵省御雇建築家のウォートルスは、焼跡に幅一五間の道路とわが国初の歩道を通し、ガス灯をともし、イギリスのジョージアン・スタイルの建築を築く（藤森照信『明治の東京計画』岩波書店、一九九〇年）。

（2）わが国で最初の近代都市計画である。明治十七年東京府知事の芳川顕正によって建機され、皇居を中心に北は上野、西から南にかけては外堀、増上寺、築地、日本橋、本所一帯に及び、大正十三年に竣工する（前掲『明治の東京計画』）。

（3）外務卿井上馨は不平等条約改正の秘策として政府諸官庁の新築を上申、策定中の東京市区改正計画を一時中断させて、これを推進した。井上はドイツから、建築家エンデとベックマン、遅れて土木技術者のホープレヒトを招聘し、計画案を練る。しかし明治二十年、条約改正交渉が決裂するとこの計画は頓挫する（前掲『明治の東京計画』）。

（4）一八六〇年台の後半、オースマンはナポレオン三世の裁可を得てパリ大改造計画を立案する。城壁の跡地に大街路（ブールヴァール）を築き、市内に広大な公園を配置した（内山正雄ほか『都市緑地の計画と設計』影国社、一九八七年）。

（5）一八七一（明治四）年に、たまたま琉球の島民六六人が台湾南部に漂着し、そのうち五四人が牡丹社（部落）の先住民に殺害される。先住民は西海岸の漢人だとおもったというが、日本はこれを利用して、琉球の日本領有確認を求めて台湾進出を企てた（伊藤潔『台湾――四百年の歴史と展望』中公新書、一九九三年）。
（6）伊能嘉矩『巡撫トシテノ劉銘傳』新高堂書店、一九〇五年。
（7）台北市文献委員会編纂『台北市志　巻一　沿革志』一九七〇年。
（8）黄俊銘「台湾におけるバルトンの水道事業について」（『土木史研究』土木学会、一九九〇年）。
（9）稲葉紀久雄『都市の医師――浜野弥四郎の軌跡』水道産業新聞社、一九九三年。
（10）田中重光『近代・中国の都市と建築――広州・黄埔・上海・南京・武漢・重慶・台北』相模書房、二〇〇五年。
（11）徐治平「日據時代における台北市三線道路内の都市整備について」（『日本建築学会論文集』一九九八年）。
（12）『後藤新平関係資料』R11、国会図書館。
（13）台湾総督府鉄道部『台湾鉄道史、上、下巻』一九〇九、一九一一年。
（14）台湾総督府交通局道路港湾課『台湾の港湾』一九三五年。
（15）「台湾の電気事業」（『台湾日日新報』一九二八年五月二日）。
（16）台北市文献委員会編纂『台北市発展史（3）』一九八三年。
（17）台湾総督府『台湾事情（昭和十一版）』一九三六年および椿木義一『台湾大観』一九二三年。

●たなか・しげみつ
一九五一年生。㈱東急設計コンサルタント勤務。工学博士。九一年㈱梓設計に勤務。一級建築士。著書に『近代・中国の都市と建築』（相模書房）『大日本帝国の領事館建築』（相模書房、大平正芳記念賞特別賞受賞）。

日本の上下水道・衛生工学の父、バルトン

後藤新平の都市観の形成に影響を与え、共に衛生事業を遂行した人物として、「日本の上下水道の父」、「衛生工学の父」と呼ばれているW・K・バルトン（William Kinnimond Burton, 一八五六年—一八九九年）の名を逸することはできない。

バルトンは一八五六年にスコットランドのエジンバラに生れ、エジンバラ・カレッジエイト・スクール卒業後、機械工学・水理学・設計の専門家として実務に従事、ロンドン衛生保護協会専任技師となった。一八八四年ロンドンで開催された万国衛生博覧会で内務省衛生局から派遣された永井久一郎（作家永井荷風の父）と出会ったことも機縁となり、帝国大学（のち東京帝国大学）工科大学の衛生工学講座初代教師として日本政府の招聘を受け、一八八七（明治二十）年五月に来日した。

この年の夏、バルトンは内務省衛生局技師であった後藤の案内で、函館、青森、秋田、仙台の衛生状況調査を行い、上下水道の設計について助言している。翌一八八八年、バルトンは内務省衛生局雇工師を兼任、さらに東京市区改正委員会の上水下水設計取調主任に就任し、長崎、東京、下関、仙台、名古屋、広島など、全国二十数都市の衛生状況の調査と上下水道の計画・設計に従事した。

日清戦争後の一八九六年八月、バルトンは後藤衛生局長の要請を受けて、台湾総督府衛生工事顧問技師となった。彼は帝大の教え子である浜野弥四郎と共に台湾各地の衛生工事調査、台北、淡水、基隆、台中、台南等の実地調査と上下水道の設計を行った。また、香港、シンガポールなど英国植民地の調査も行い、台湾における衛生・建築・都市に関する提言を行っている。一八九八年には後藤が民政長官として台湾に赴任、バルトンは後藤とともに台湾統治初期の都市計画事業に関わったのである。一八九九年八月、台湾で病を得て英国への帰国の途次日本で病没、享年四十三であった。

◀バルトンと長尾半平（台湾総督府土木技師）

後藤にとってバルトンとの出会いは衛生調査や上下水道の設計という「都市計画」の実践の場であり、後藤の著作『国家衛生原理』を見るとバルトンは英国の衛生制度や自治についての知識の提供者でもあったと思われる。そして、台湾におけるバルトンの事業と提言とは、後藤の都市観と植民地経営に少なからぬ作用を及ぼしたと考えられるのである。

（**春山明哲**／早稲田大学台湾研究所客員上級研究員）

後藤新平と満鉄が造った都市

西澤泰彦

はじめに

後藤新平が多才な人物であったことは周知のとおりである。後世に生きる私たちが、その多彩な才能を具体的に実感できるのが都市である。後藤が医師としての才能を開花させた愛知県病院は、その跡地に碑が建っているものの、当時の病院の建物が残っているわけではないから、彼の医師としての活動を見ることは難しい。台湾総督府時代の後藤の活動を実感できるのは、彼が示した台湾統治（支配）の施策に従って造られた基盤施設や建物であり、台北の市街地である。東京市長として、帝都復興院総裁としての活動ぶりを今に伝えるのも、東京の市街地そのものである。わずか二年に満たない期間だけ務めた南満洲鉄道株式会社（満鉄）総裁としての彼の才能を今日に伝えるのもやはり、都市である。

ここでは、満鉄が造った都市についての分析を通して、初代満鉄総裁としての後藤の都市に対する考え方を読み取り、また、満鉄による都市建設の意味を考えてみることにする。なぜ、このような一見遠回りに見える手法を用いるかといえば、満鉄総裁時期の後藤は、都市に関する発言が少ないからである。初代総裁として、会社経営だけでなく、会社を根幹とした満洲経営（支配）そのものに心血を注ぐ立場であった後藤は、大方針を示す立場にあり、それを具体化するのは、彼の下に集まった有能な社員であった。都市建設も同じであった。そこで、実際に造られた都市を見ながら、彼が唱えた満洲経営（支配）の大方針と都市との関係を見ることとする。

鉄道附属地と都市

まず、満鉄が、何故、その沿線で都市建設をおこなったのか、を説明しておきたい。日露戦争の結果、日本は、ロシアから長春〜旅順・大連間に鉄道とそれに付随する権利を獲得した。そして、この権利を行使するため、日本政府は、一九〇六年、満鉄を設立し、鉄道経営のみならず、鉄道に付随する権利の行使も委ねた。この時、日本が獲得し、満鉄が経営することとなった鉄道は、もともと、ロシアが、シベリア鉄道の短絡線として建設した東清鉄道の一部であり、東清鉄道には、鉄道附属地という土地が設定された。ロシアの国策会社であった露清銀行と清との間に結ばれた「東清鉄道建設及経営に関する契約」では、鉄道建設に必要な土地として鉄道附属地が設定されたが、実態は、ロシアによる占領地であり、東清鉄道が実質的に行政権を行使し、沿線にロシア軍が駐屯した。

また、ハルビンなど沿線の主要都市では、鉄道線路から数百メートルから一キロメートルも離れた場所にも鉄道附属地が設定され、そこには東清鉄道によって市街地が建設された。契約では、鉄道警備は清の官憲によっておこなわれることとなっていたが、実際には、鉄道附属地内に清の官憲が出入りすることは不可能であった。結局、実態として、鉄道附属地は、アヘン戦争の結果、イギリスが清の各地に設定した租界と同じように清の領土内に生まれたロシアの支配地であった。

満鉄は、鉄道に付随する権利の一つとして、鉄道附属地も東清鉄道から引き継いだ。清の領土内において、日本政府がロシアから引き継いだ利権のすべては、露清間で結ばれた条約に基づくので、日本政府は、日露講和条約の調印（一九〇五年九月五日）後、清との間において、ロシアから引き継ぐ利権を清に認めされるべく日清条約（北京条約、一九〇五年一二月二二日調印）

を半ば強引に結び、国際法上の根拠を獲得した。この時、日本は、東清鉄道とは無関係で、日露戦争中に日本軍が敷設した安東（丹東）・奉天（瀋陽）を結ぶ鉄道（安奉線）にも鉄道附属地の設定を清に認めさせた。

このようにして、満鉄には沿線に鉄道附属地が設定された。そして、沿線の主要都市では、単なる駅前広場を造る程度ではなく、東清鉄道と同様に、新しい都市建設が可能な面積を確保し、都市建設に乗り出した。特に満鉄沿線の主要都市では、一五〇万坪から一八〇万坪程度の鉄道附属地が設定された。例えば、都市建設がもっとも大規模におこなわれた奉天（瀋陽）では、一八二万坪（六〇〇ヘクタール）の鉄道附属地が設定された。このほか、鉄嶺では一八七万坪（六一七ヘクタール）、開原では一八四万坪（六〇七ヘクタール）、満鉄本線と四鄭鉄路の分岐点となった四平街には一五二万坪（五〇一ヘクタール）、満鉄本線の終点となった長春と安奉線の起点となった安東にはそれぞれ一五〇万坪（四九五ヘクタール）、という具合に、沿線の主要都市では、いずれも当時の日本の地方都市以上の規模の市街地建設が可能な面積が確保された。そして、満鉄本社の大連移転に伴って、満鉄の鉄道経営が実質的に始まったのに合わせて、沿線での都市建設も始められた。

ところで、満鉄がなぜ、沿線に都市建設をおこなったのかについて、論じられることはこれまで少なかった。植民地支配や帝国主義を論じる立場の方々は、列強による植民地支配の最終段階として、植民地（支配地）における産業開発、鉄道敷設、都市建設を位置づける。いわば、必然論である。そのような立場なら、満鉄の都市建設も必然的に起きたこととして片づけられ、あとは、都市建設の侵略性が強調されることが多い。ところが、侵略を否定したい立場の方々は、満鉄が建設した都市と日本国内の都市とを比較して都市建設の先進性を強調し、また、満鉄が建設した市街地が各地で現在の都市の中核をなしている事実を根拠に、満鉄による都市建設を「満洲の開発」と称して、侵略を否定する。

いずれの立場においても、満鉄がなぜ都市を建設したのか、という素朴な疑問への答えはない。しかし、どちらの立場であろうと、満鉄による都市建設の本質を論じるのであれば、満鉄が都市建設をおこなった理由や背景を考えないわけにはいかない。なぜなら、満鉄は都市建設に莫大な資金を投じ、住民から「公費」と称する都市経営のための協力金を徴収するものの、建設費を穴埋めするほどの金額ではなく、満鉄にとって都市建設は大幅な赤字事業であった。にもかかわらず、満鉄は、一九〇七年から鉄道附属地が撤廃される一九三七年までの三〇年間、都市建設を続けた。これは、満鉄が何か、強い意思をもって、あるいは確固たる目的があって都市建設を続けたことを示している。以下、これを念頭において、具体的な都市建設の中身を検証し、そこから示される都市建設の目的、そして、初代総裁後藤新平の思い入れを考えることにする。

荒野の中の都市建設

満鉄の鉄道附属地において、単なる駅舎、駅前広場、社宅街の建設にとどまらず、街路整備や上下水道などの基盤施設建設を伴った都市建設が実際におこなわれたのは、満鉄本線の沿線で二五ヵ所、安奉線沿線では安東など五ヵ所、それに撫順の合計三一都市である。この中には、奉天のように鉄道附属地撤廃時（一九三七年）の人口が九万人余に達していた都市もあれば、安奉線の連山関のように鉄道附属地撤廃時でも戸数一二二戸、人口わずか五三八人という鉄道附属地もあった。奉天鉄道附属地の人口は、当時の日本国内の都市に比べると、おおよそ三〇番目に位置する人口規模である。

鉄道附属地にはこのような人口規模の大小はあったものの、これらに共通していたことは、満鉄の創業時には、いずれも、既存の人家の少ない場所であり、いわば荒野の中に置かれた土地であったことである。そのような場所での都市建設は、既存の都市での再開発とは異なり、都市建設の核になること、言い換えれば都市建設の拠り所を決めなければならない。一般的には、それは、地形の場合もあれば、土地の歴史的な変遷、あるいは近隣の都市や集落との関係などが考えられる。これは、満鉄鉄道附属地における都市建設でも例外ではなかった。

満鉄では、鉄道附属地の都市計画の立案は、満鉄本社に設けられた土木課に委ねられた。満鉄創業時の課長は、一八九四年に帝国大学土木工学科（東大土木工学科の前身）を卒業した加藤與之吉であった。加藤をはじめとした土木課の技術者たちが最初に目をつけたことは、奉天（瀋陽）や長春、遼陽、鞍山といった都市建設が予定された鉄道附属地の多くが比較的平坦な土地であったこと、長春を除く都市では鉄道附属地の形状が、いずれも直線に通る満鉄線の線路を一辺とする長方形を基本としていたことである。

土地が平坦で、全体形状が長方形であるということは、その中に格子状の街路を収めることが、もっとも容易な都市計画である。しかし、格子状の街路のみが広がる市街地は、単調で画一的な印象を住民に与える場合もある。したがって、加藤たちが進めた街路計画では、格子状街路を基本としながらも、それに対して斜交するかたちで、満鉄の駅や将来的に市街地の中心となり得る場所、あるいは住民にとって必要な公的施設の建設が予定されている場所を結ぶ街路が計画された。

その典型は、満鉄鉄道附属地の中で、市街地として最大の面積を持ち、後に最大の人口を抱えることになる奉天である。満鉄が奉天に設定した市街地の面積は一八二万坪（六〇〇ヘクタール）であった。このうち、満鉄線の西側の地区を工業地区とし、東側を商業地区とし、第一期工事として、一九〇八年から商業地区の約半分に相当する七〇万坪（二三一ヘクタール）の市街地建設が始まった（図1・図2）。

この時に立案された街路計画は、いずれも幅員二〇間（約三六メートル）で、満鉄線に平行する鉄路大街と、奉天駅前を起点として鉄路大街と直交する瀋陽大街（後に千代田通と改称、現在の中華路）の二本の広幅街路を骨格とする幅員六〜八間の街路から成る格子状街路を第一期工事の市街地に収めたものであった。そして、市街地の中心になることが予定された大広場とよばれる円形広場（現在の中山広場）と奉天駅を直線で結ぶ幅員一五間の昭徳大街（後に浪速通と改称、現在の中山路）が計画されたが、それは、格子状街路と斜交する街路であった。

このように格子状街路に斜交する幹線街路を組み合わせる手法は、当時、格子状街路の欠点である斜め方向の交通の便を図ること、単調になりがちな街路景観に変化を与えるものと解釈されていた。昭徳大街をこの理論に当てはめると、前者については、奉天駅と大広場を最短で結ぶ役割を果たし、後者については、格子状街路に斜交することで、それまで直角で画一的であった街区の角が鋭角や鈍角になり、交差点の景観に変化を与えている。

ところが、昭徳大街はそれだけの役割を果たしただけではなかった。大広場には、一九一八年に日露戦争の記念碑「明治三十七八年戦役記念碑」が建てられ、天気の良い日には、奉天駅から昭徳大街を見通すと、その先に大広場の記念碑が見えた（図3・図17）。これは、十

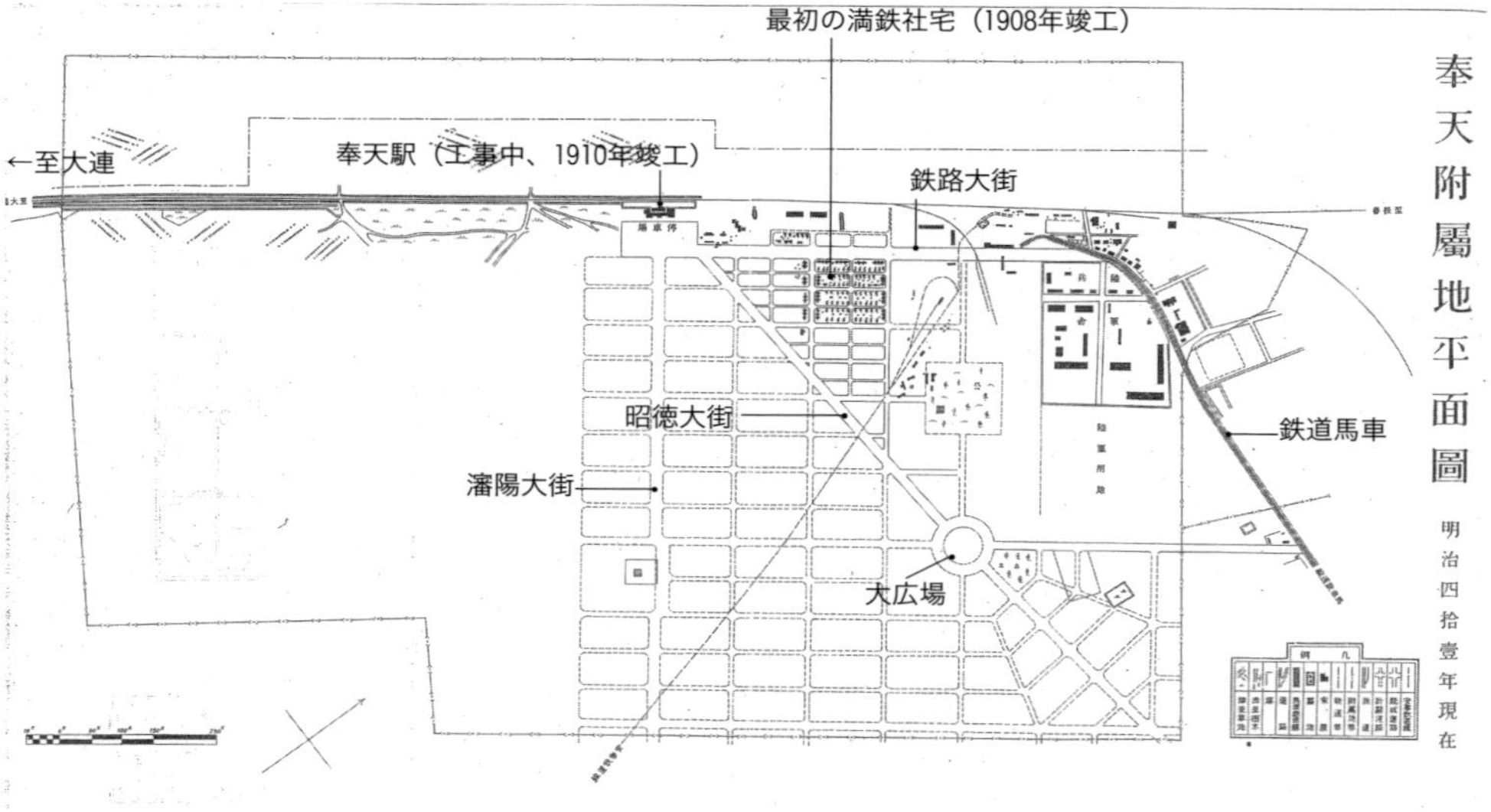

図１　1908年の満鉄奉天鉄道附属地
（『南満洲鉄道株式会社十年史』1919年）

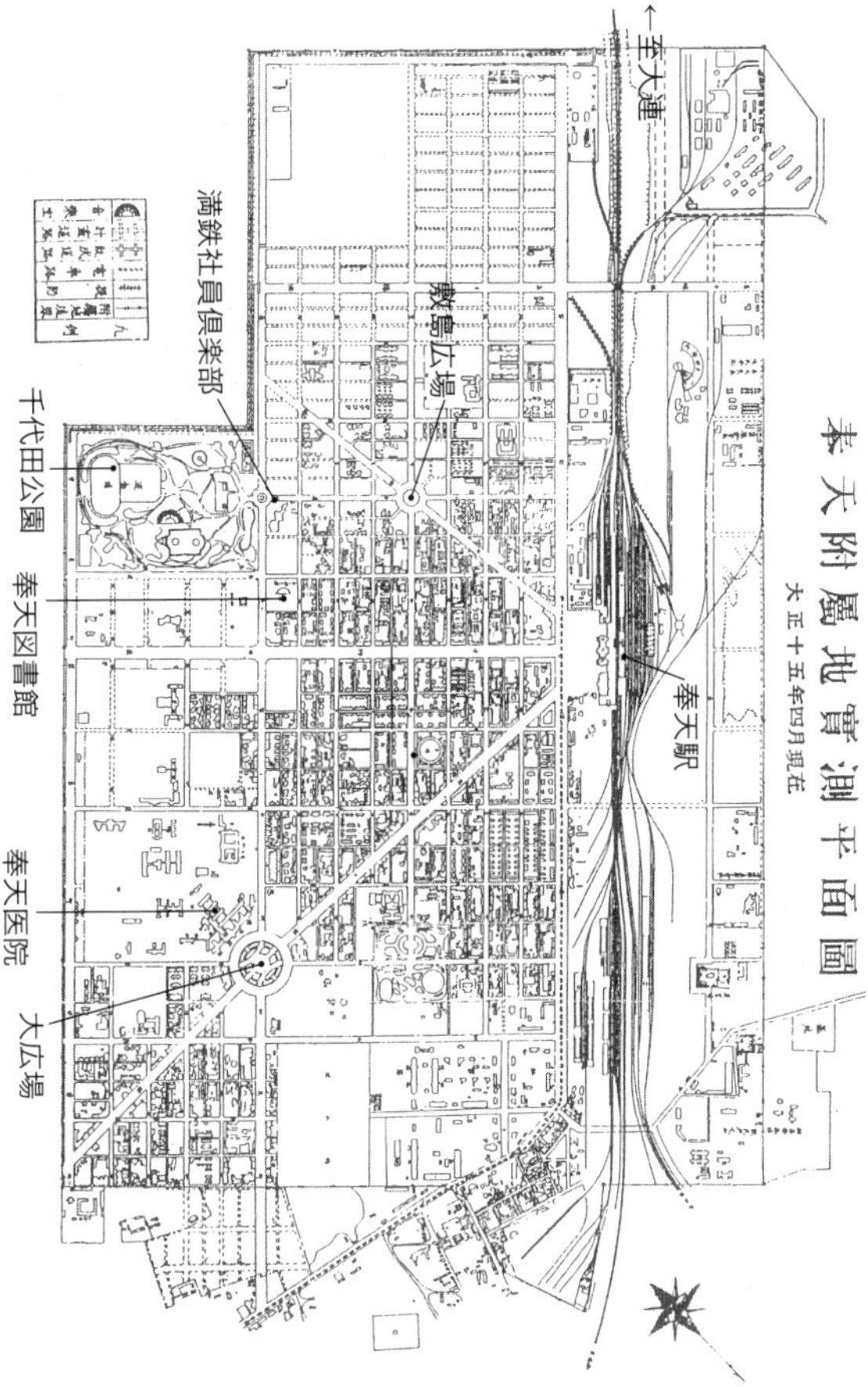

図2　1926年の満鉄奉天鉄道附属地
（『奉天二十年誌』1926年）

図3　1930年代末の奉天大広場

大広場から真っすぐ延びる街路が浪速通で、その先に奉天駅のドームが小さく見える。写真左手の建物は奉天ヤマトホテル（1929年竣工）。

（『全満洲名勝写真帖』松村弘文堂、1940年）

九世紀半ばのパリにおける都市改造など、欧州各地の都市改造で用いられた幹線街路の見通し（ヴィスタ）を効かせた記念性の高いバロック的都市計画と同様の手法であった。ロシア支配下のダーリニー（大連）で東清鉄道がおこなった都市計画でも同様の手法が用いられている。

ところで、奉天のように地形が平坦で外形が長方形、しかも、その一辺が鉄道に平行である場合は、駅を中心に格子状街路を設定するのは難しいことではない。ところが長春のように、地形に高低差があり、外形が不整形な多角形になる場合は、街路計画も難しい（図4）。長春鉄道附属地の地形は、南側を流れる伊通河付近では、川に向かって傾斜地となっている。そこで、街路計画では、長春駅前に半径五〇間（約九〇メートル）の半円形広場を置き、そこから真南に延びる幅員二〇間の長春大街を南北軸として格子状街路を重ねた。そして、駅前広場から南東方向と南西方向に延びる斜路（東斜街・

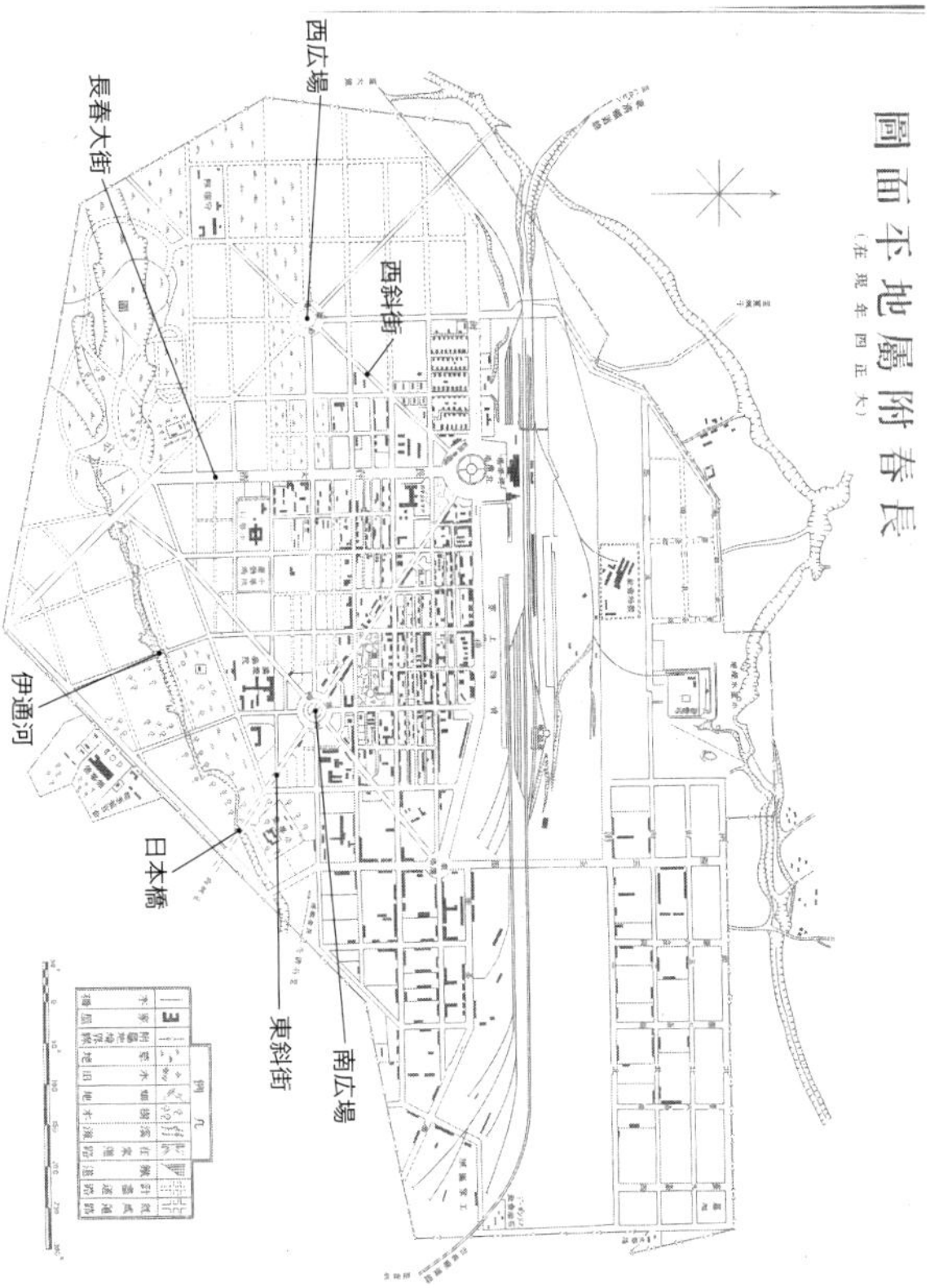

図4　1915年の満鉄長春鉄道附属地地図
(『南満洲鉄道株式会社十年史』1919年)

西斜街）を設け、それぞれの斜路の先にある円形広場（南広場・西広場）と長春駅を結んだ。ところが、鉄道附属地の南側を流れる伊通河を無視するわけにはいかず、川の両岸だけは、川の流れに合わせて格子の方向をずらしている。

都市建設の基本方針

先ほど、奉天鉄道附属地での幹線街路について、最大幅員が二〇間である旨を記した。満鉄が編集発行した『南満洲鉄道株式会社十年史』にも「道路ノ幅員ハ三間乃至二十間トシ」と書かれ、鉄道附属地内の街路の最大幅員が二〇間であることが記されている。ところが、この最大幅員二〇間という数字を決めるには、土木課長の加藤與之吉と満鉄総裁後藤新平との間において、一悶着があった。

幅員二〇間を主張したのは、土木課長の加藤ではなく、総裁の後藤であった。加藤の案では、鉄道附属地内の幹線街路は、最大幅員を一五間として計画されていた。根拠は、当時、東京で進められていた市区改正と呼ばれた都市計画事業において一等一類と呼ばれた最上級の街路幅員が二〇間、一等二類の街路幅員が一五間であり、都心の幹線街路の多くが一等二類（幅員一五間）であったことである。加藤は、東京に比べて規模の小さな鉄道附属地では、街路の最大幅員は一五間でよい、と考えた。土木技術者として、まともな発想である。ところが、後藤は、土木技術者としてまともであった加藤の発想を、満鉄経営者として否定した。後藤は、加藤に対して鉄道附属地の幹線街路の最大幅員を二〇間に広げるように指示した。

これに対して加藤は、広幅員の街路を造っても使われず、無駄であることを指摘した。ところが、後藤は、パリのシャンゼリゼやベルリンのウンター・デン・リンデンを例にあげ、広幅員の街路が大都市の都心で直線的に延びる意味を力説し、鉄道附属地での幹線街路の最大幅員を二〇間にさせた。それどころか、百聞は一見にしかずとばかり、加藤を欧州視察に送り出してしまった（『満鉄附属地経営沿革全史』）。後藤は、街路を単に交通路として見ていたのではなく、都市の美観に関わる存在と認識し、都市を飾る道具と見立てていた。したがって、広幅員で直線的に延びる街路を求めた。

しかし、加藤は、市街地面積に占める街路の割合が通常は二割程度であることを拠り所に、後藤の主張に沿って街路幅員をとれば、市街地全体の三割が街路になってしまい、都市が成り立たないことを主張した。パリやベルリンを例にあげる後藤に対して、土木技術者としての加藤の眼には、無人の荒野と欧州の大都会が結び付くことはなかった。一方、政治家であり官僚であった後藤の眼には、無人荒野に欧州の大都会と伍する都市を造るという大前提があった。それが、後藤の主張していた「文装的武備」の具体化であった。その第一歩が、市街地を貫く広幅員の街路を確保することであった。言い換えれば、これが都市建設の基本方針の最初であった。

その次に考えられたことは、鉄道附属地が満鉄の支配下にあっても、中国に造られる都市であることを大前提にしたことである。これを示すことがらは概ね二点ある。一つは、鉄道附属地の周囲にある既存の中国の都市とどのような関係を築くか、という問題であった。もう一つは、鉄道附属地内での中国人の活動をどの程度認めるかという問題であった。

奉天（瀋陽）や長春では、既存の都市も周囲に城壁をめぐらした中国の典型的な都市であり、その外側に、商埠地と呼ばれる外国人に自由な商業活動を認めた地区が設定された。商埠地は、いずれも、城壁都市と満鉄鉄道附属地との間に位置していた。鉄道附属地がそれらを無視しては、都市としての成長が望めないのは明白であった。

そこで、鉄道附属地内の幹線街路が鉄道附属地を出たところで、その街路が、近接する商埠地の幹線街路と結ばれる工夫が施された。商埠地の幹線街路は基本的に城壁都市の城門や幹線街路に結ばれているため、鉄道附属地内の幹線街路と商埠地内の幹線街路を連結すれば、鉄道附属地と近隣の中国の都市は必然的に結ばれる。この物理的な結びつきを使って、鉄道附属地の経済発展を促そうと考えられた。

奉天の場合、鉄道附属地の幹線街路の一つであった鉄路大街は、商埠地の北辺をつくり、奉天城の西門の一つである小西辺門にたどりつく。また、昭徳大街（後の浪速通）も商埠地を真っすぐに進んで鉄路大街同様に小西辺門にたどりつく。もうひとつの幹線街路であった瀋陽大街（後の千代田通）は鉄道附属地を出たところで向きを変え、商埠地の南の縁を構成しながら、北東に進み、奉天城の南西にある大西辺門に向かって真っすぐ伸びる（図5）。

このように、鉄道附属地の幹線街路が商埠地や城壁都市の幹線街路と結ばれたことにより、商埠地や城壁都市からこれらの街路を通って、鉄道附属地に流入する中国人や彼らによって持ち込まれる貨物が増大した。特に中国商人によって鉄道附属地に持ち込まれる貨物の多くは、荷馬車によって運ばれることが多く、無制限に荷馬車の通行を認めることの是非について、やはり、土木課長の加藤與之吉と総裁後藤新平の間では、意見の相違があった。当時の中国式の荷馬車は、小さなものでも馬二頭立てで積載重量は六〇〇キログラム、大きな荷馬車になると、馬八頭立てで積載重量は一・八トンにもなる。普段から乾燥した気候によって鉄道附属地の街路は土埃が立ちやすい状況になっており、それに加えてこのような大型の荷馬車が無制限に通行すれば、土埃はさらにひどくなる。また、路面の傷みも早くなり、路面の陥没を招く可能性もあった。そこで、加藤は、鉄道附属地内への荷馬車の乗り入れを制限すべきと主張した。これに対して後藤は、当時の中国東北地方の主たる交通機関である荷馬車を制限すれば、鉄道附属地の経済発展はありえないと主張した。

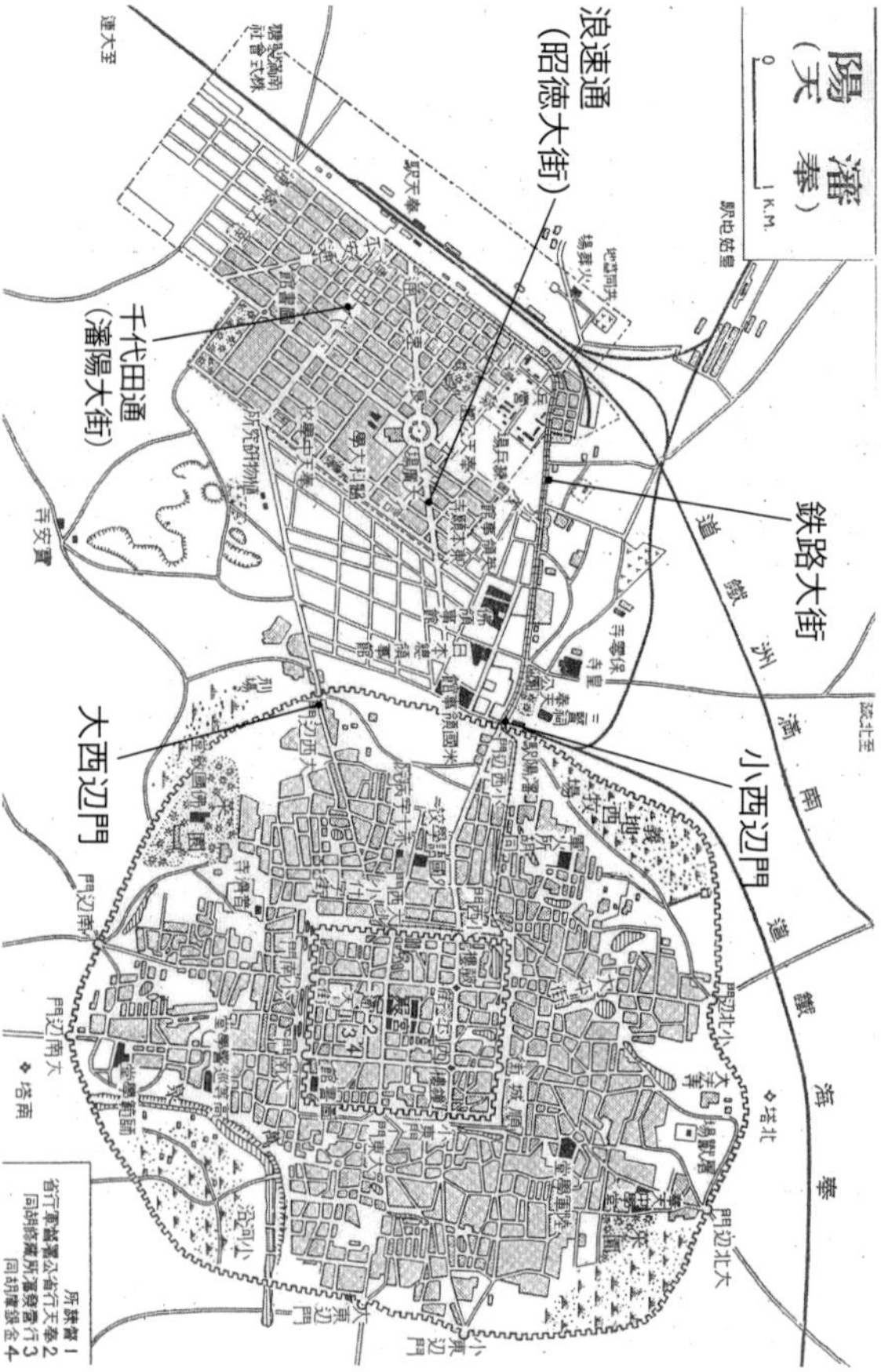

図5　1930年頃の奉天地図
（『世界風俗地理大系第1巻』新光社、1930年）

結局、後藤は加藤の主張を認め、鉄道附属地内の荷馬車に対する通航制限はおこなうこととした。ただし、全面的な制限ではなく、部分的に荷馬車の通行を認めた。そして、そのような街路については、荷馬車の重みに耐えられるように路面の舗装方法に工夫が施された。鉄道附属地内の街路は、マカダム式舗装と呼ばれる砕石舗装が施された。これは、砕石を敷き詰めてローラーで押し固めるという工法であるが、砕石を単層で敷き詰めるだけでは、路面が陥没するので、基礎となる地盤面の上に比較的大きな砕石を敷き詰めて下層とし、その上に小さな砕石を敷き詰めて上層とする方法がとられた。そして、中国式荷馬車の通行を認めた街路については、砕石の層を三層とし、最下層に他の街路よりも大きな砕石の層を加えることで、路面の陥没を防いだ(図6)。

都市基盤施設整備

中国式荷馬車の通行について、加藤と後藤の見解の相違は、加藤が居住者の生活を主体に都市の構成を考え、土埃の元凶となる中国式荷馬車の排除を考えたのに対して、後藤は都市を経済活動の拠点と考えていたことの相違であった。しかし、もともと医師であり、公衆衛生に関心の高かった後藤にとって、居住者の生活水準の確保は当然のことであり、鉄道附属

図6　1916年頃撮影の奉天・瀋陽大街
街路中央に荷馬車が写っている（『南満洲写真帖』1917年）

地の都市建設における基盤施設整備については、加藤たちのとった方法の仔細に口をはさむことはなかったとみられる。

例えば、マカダム式舗装だけでは、乾季の土埃を防ぐことや、雨季における泥濘化を防ぐことはできなかったので、加藤たちは、マカダム式舗装の路面の上にコールタールを散布した。これによって土埃の舞い上がりを防ぎ、また路面の水はけが良くなった。この方法は満鉄が発案したものではなく、租借地であった関東州の支配機関である関東都督府が大連の街路整備で試みた方法であった。

また、鉄道附属地では、良質な上水の確保に腐心した。河川を水源とすれば、雨季と乾季がはっきりした中国東北地方では、安定した水源確保が難しかった。したがって、多くの鉄道附属地では、井戸を掘って地下水を水源として確保した。地下水は長時間かけて地中を流れ、その過程で自然に濾過されており、井戸で汲み上げたときには、そのまま給水できることが多かった。しかし、実際の給水では、平坦な地形の多い鉄道附属地では、効率よく給水するためには、給水塔（配水塔、

図7）を建てる必要があり、また、各家庭への配水には、水道管の埋設が必要であった。冬の寒さの厳しい中国東北地方では、給水塔内に貯水した水の凍結を防ぐため、塔内全体に暖房を施し、また、水道管も凍結を防ぐため、地中の深い場所に埋設された。例えば、奉天では、地下一・七メートル、長春では地下二メートルが水道管凍結防止の標準的な埋設深度であった。そして、水道管の埋設によって、鉄道附属地には消火栓も設けられ、火災時の消火活動に役立ったといわれる。

水道管の埋設と並行しておこなわれたのが、下水管の埋設であった。雨季と乾季がはっきりしている中国東北地方では、下水管の維持管理を考えた場合、雨水と汚水を同じ下水管に流す合流式の方がよいとされた。安東のように市街地と排水先の河川（鴨緑江）との間に高低差が少ない地では、分流式とされたが、これは、特殊な例であった。

図7　満鉄奉天鉄道附属地に建てられた給水塔
（西澤泰彦撮影）

上下水道の整備は、鉄道附属地に住む住民の生活水準の維持にとって大きな役割を果たすものであった。満鉄が鉄道附属地で埋設した下水管の総延長は、鉄道

図8　1909年建設の満鉄長春火力発電所
（『南満洲写真大観』1911年）

附属地が撤廃された一九三七年の時点において約八七五キロメートルであった。これは、同じ時期の東京市の下水管総延長一六九一キロメートルの約半分に相当し、当時人口一〇〇万人を超えていた名古屋市の下水管総延長七八〇キロメートルを上回っていた。一九三七年の時点での鉄道附属地の総人口が約五六万人であることを勘案すると、満鉄が下水道工事にいかに力を注いでいたか、よくわかる。

また、満鉄は、撫順で産出する豊富な石炭を燃料とした火力発電所を建設し、大連、撫順、奉天、長春では電気の供給をおこなった（図8）。満鉄本社が東京から大連に移転した一九〇七年、大連ですぐに電気の供給を始め、奉天では一九〇八年、長春では一九一〇年から、電気供給が始まった。さらに、満鉄は、石炭を原料としたガス製造に着手し、一九一〇年には大連でガスの供給を始めた。

建築規則と都市

このようにして建設の進められた鉄道附属地において、満鉄は、居住者が建てる建築物に対する規制を試みた。それは、無秩序な開発の抑止であり、また、都市の不燃化、美観、衛生の確保を目指したものであった。

最初の規則は、一九〇七年六月に制定された「家屋建築制限規程」である。これは、鉄道附属地内の建物を原則として煉瓦造で建てること、建物の軒高を二四尺(七・二メートル)以上とすることが定められた。

一九一九年三月三〇日には、南満洲鉄道株式会社建築規程(満鉄建築規程)が公布され、鉄道附属地における建築許可制度の実施、建物の規模に関する制限、建物の構造と防火・耐火に関する規定、建物と敷地の衛生に関する規定が設けられた。

建築許可制度については、建物の新築、増築、改築などの建築行為のすべてを満鉄に届け出て、承諾を得ることが規定された。

建物の規模について、建蔽率、建築線、高さの制限が規定された。特に二階建以上の建物については、二階以上の各階総坪数の三分の一を建坪に加えて建蔽率を計算することとされた。これは、容積率の概念を適用するものであった。建物の高さについて、道路に面する建物の高さの最低を一二尺（三・六メートル）、最高を前面道路の幅員の一・五倍とした。軒高の最低を定めたことは、それより低い建物を建てさせないことであり、都市の美観に配慮した規定であった。

建物の構造は、外壁を煉瓦造、石造、鉄筋コンクリート造またはこれに準ずる耐火構造と決められた。前面道路幅員が三間（五・四メートル）以下の場合は、外壁に厚さ五分（一五ミリメートル）以上の漆喰を塗った木造も認められた。また、屋根はいずれの場合も不燃材で葺くことが決められた。これは、個々の建物の外壁と屋根を不燃化することで、建物全体の耐火性能をあげ、市街地全体の不燃化を進めるものであった。

敷地や建物の衛生に関する規定については、次のように定められた。敷地の地盤面を前面道路より三寸以上高くすること、厨房、便所、浴室に排水設備を設けること、井戸と下水溜め・便所の距離を三間以上離すこと、井戸の側壁を地盤面より二尺以上高くすること、と決められた。これらは雨水や汚水が敷地内に長い間溜まることや、汚水が井戸水に混入することを防ぐものである。

このように決められた規定のうち、軒高の最低限の規制、外壁と屋根の不燃化、衛生関係の規定、建築許可制度、については、一九〇五年に実施された大連市家屋建築取締仮規則に類似した条項があり、大連ではすでに実施されていた。また、一九〇七年に先行して実施された家屋建築制限規程により、鉄道附属地内に建てられる建物は原則として煉瓦造となった。満鉄建築規程は、先行した大連での建築規則の効果と鉄道附属地内の建物が次々と煉瓦造建築として建てられていく状況の中で、さらに、詳細な規定を設けることで、都市全体の不燃化の徹底と美観や衛生の確保を図るものであった。

しかし、満鉄建築規則は、そのような日本の支配地で先行した規則のみならず、ハルビンで実施されていた建築規則を参考にした部分もあった。満鉄建築規則の作成に関わったとみられる満鉄本社建築課長の小野木孝治は、この時期、ハルビンで実施されていた建築規則にも注目し、「哈爾濱市内建築規則摘訳」を建築学会（日本建築学会の前身）の機関誌『建築雑誌』三八七号（一九一九年三月）に寄稿している。実際に、満鉄建築規則の中の耐火に関する詳細な規定、特に暖炉や炊事場の煙突や煙道に関する規定は、大連市家屋建築取締仮規則には見当たらず、哈爾濱市内建築規則と共通する点が多い。

このような建築規則の実施は、鉄道附属地に建てられる個々の建物の質的水準を確保しながら、それが、満鉄が建設した都市基盤施設と一体になることで、鉄道附属地という市街地が都市としての質的水準を維持するのに役立つものであった。

満鉄が建設した公的施設

建築規則によって鉄道附属地に建てられる民間の建物を誘導し、質的水準を維持する方法を有効にするには、同時に、満鉄が鉄道附属地で建てる公的施設の質的水準を確保し、手本を示す必要があった。

満鉄による鉄道附属地での行政の根幹は、土木、教育、衛生の三分野であった。土木とは、すでに紹介した市街地建設である。教育とは、鉄道附属地に居住する人々に対して教育の機会を確保するため学校を建設、運営することであった。特に日本人に対して、日本国内と同じ水準の義務教育をおこなうことが求められた。そして、満鉄沿線の小学校は、関東都督府との取り決めで、建物の建設費用と小学校の運営費を満鉄が負担し、教員の年金や退職金を関東都督府が負担することとなった。衛生とは、住民の健康を守るための病院や保健所の整備、ごみ処理や街路の清掃を意味していた。したがって、満鉄は、市街地建設を進めながら、教育や衛生に関する施設を建設していったが、そこでは、「満鉄建築」と呼ぶ水準の高い建築が出現した。

満鉄創業時に開設された小学校はいずれも既存家屋を使った急場しのぎの校舎であり、奉天小学校にいたっては「風が吹けば揺らぎ雨が降れば此処も彼処も漏る」（荒川隆三『満鉄教育回顧三十年』）という状況であった。そこで満鉄は、一九〇八年、奉天、長春、撫順（千金寨）に小学校を建設した。これらは、いずれも煉瓦造平屋建の校舎であったが、必ず、屋内体操場が併設された。これは、冬季に屋外での運動が難しいことへの配慮であった（図9）。屋内体操場ができるまで、冬の体育の授業は、校庭に造った即席リンクによるスケートしかなかった。

図9　1908年竣工の奉天小学校
（『南満洲写真大観』1911年）

　ところで、創業時の満鉄は、鉄道附属地での小学校開設、経営は予定していたものの、それ以外の教育、すなわち、中等教育や専門教育については、想定していなかった。ところが、鉄道附属地の人口が増えてくると、中等教育機関の設置を望む声が住民から出始めた。そこで、満鉄は、一九一九年、奉天に中学校を設立し、一九二二年に煉瓦造三階建の校舎を新築した。

　衛生に関する施設として満鉄が各地の鉄道附属地に建設したのが病院であった。満鉄は創業当時、大連に本院としての大連病院を開設し、各地にその分院や出張所を置いた。その後、一九一二年には、分院や出張所を独立させ、すべて、「医院」という呼称に統一した。医院とは病院を示す中国語であり、この名称変更は、各地の病院が中国人患者を受け入れる姿勢を示したものであった。この間、満鉄は、安東、奉天、撫順（千金寨）、鉄嶺、長春の各医院を新築していった。これらの建物は、いずれも、敷地の前面に診察機能を持つ本館が建てられ、その後方に入院患者用の病棟が配されるという複数の建物から構成され、それは、パビリオン形式と呼ばれた。このような構成は、敷地後方に余地がある場合、そこに病棟を増やすことで病院の規模を拡大できるという利点があった。このような構成は、エレベーターが普及するまで、すなわち、二十世紀初頭まで各地で建てられた病院建築の典型的な構成であった。そして、満鉄が建てたこれらの建物は、いずれも煉瓦造で、本館は中央部分が二階建で両翼が平屋となった左右対称の構成をとり、正面中央と両翼にステップ・ゲーブル（階段破風）を立ち上げていた。後にこの外観は、「満鉄医院スタイル」（満鉄建築会編『満鉄の建築と技術人』）と呼ばれることになる（図10）。

ところで、この時期の病院建築は、世界的に見れば、エレベーターの普及に伴って、パビリオン形式から、新しい形式であるブロック形式へ移行していく時期であった。満鉄では、本社建築課長を務めた小野木孝治がその動きを敏感に把握し、一九二一年に設計した大連医院本館の設計案では、診療科ごとにつくられた診察部門と病棟を一つの単位（ブロック）とし、それを多層化し、外来診察室も病室も一棟の建物の中に収めた（図11）。ただし、この時期、満鉄の首脳部は、巨大な病院の新築を企て、小野木の設計案を採用せず、設計施工をアメリカの建築会社フラー社の日本法人フラー・オリエント社に委ね、鉄筋コンクリート造地上六階建、延床三万平方メートルの病院を建設した。

図10　奉天医院本館
（『南満洲写真帖』1917年）

世界的な潮流となったブロック形式の病院建築を満鉄が建設したのは、一九二三年竣工の吉林・東洋医院である。その後、一九二七年には鞍山医院、一九二八年には撫順（永安台）医院において、それぞれブロック形式の本館が新築された。

この他、満鉄が建設した公的施設として、公会堂と図書館、倶楽部がある。公会堂は、一九〇九年に瓦房店に設けられたものが最初であり、その後、各地に建設されていく。その中には奉天公会堂のように地元の商業会議所によって建設されたものもあったが、撫順（千金寨）公会堂のように、多くは満鉄によって建設された（図12）。また、図書館は、沿

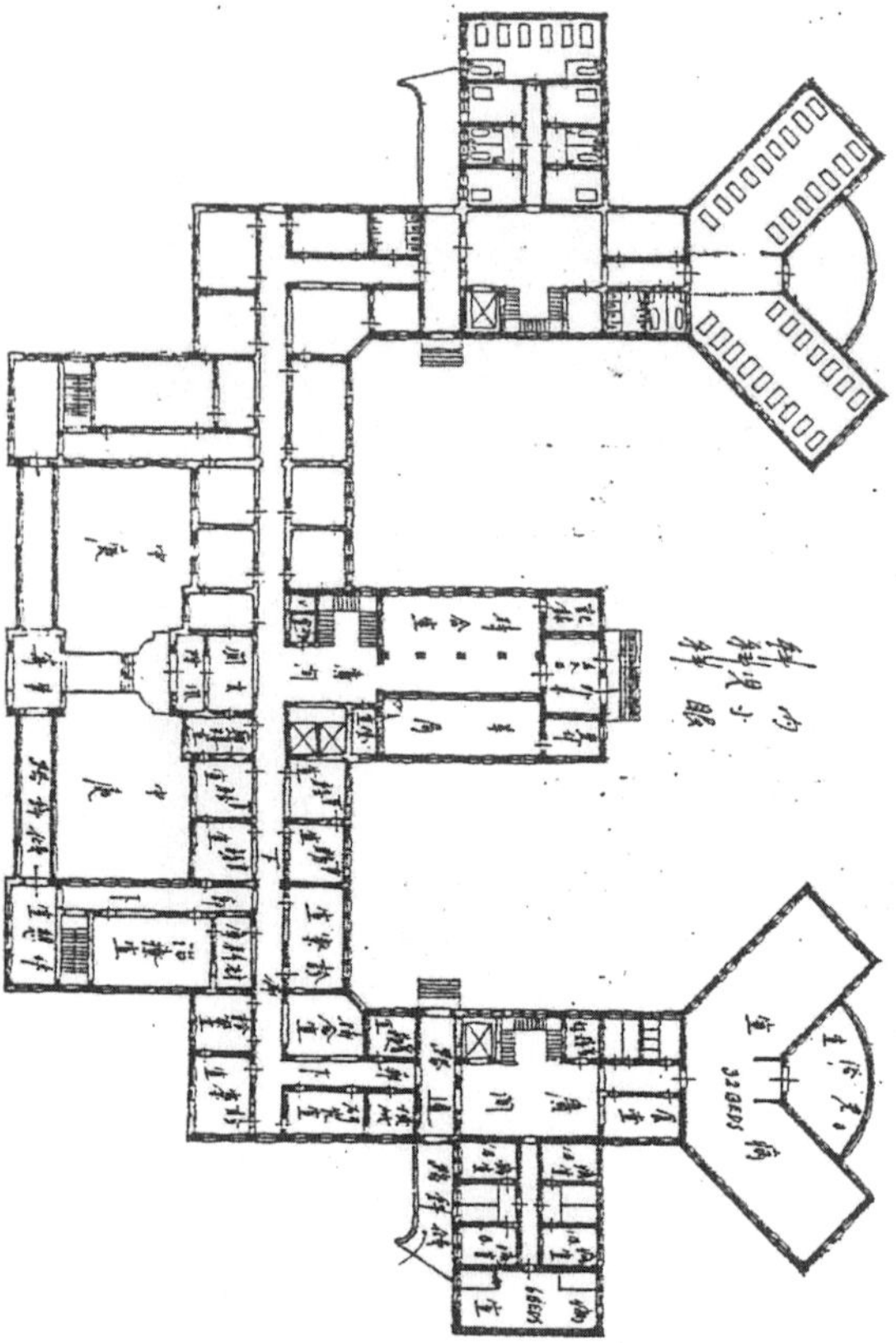

図11　小野木孝治が1921年に設計した満鉄大連医院本館設計案
（『満洲建築協会雑誌』13巻2号）

線住民の知的欲求に対する施設であるが、大連と奉天ではそれだけでなく、社員の業務上の情報収集や研究者向けに図書を提供する役割も担った。このうち、奉天図書館は、奉天鉄道附属地の中央に、一九二一年一一月に竣工したスパニッシュ様式の建物である（図13）。

倶楽部は、本来、満鉄社員専用の施設として「社員倶楽部」と呼ばれたが、後に一般の利用を認めるようになった。その代表は、奉天倶楽部であり、奉天図書館とともに住民に余暇の場所を提供した。

住民に余暇を過ごす場所を提供した施設として、この他に満鉄直営のホテルがある。満鉄は、創業時に、大連、星ヶ浦、旅順、奉天、長春にヤマトホテルという直営ホテルを開設した。これらのホテルは、旅客に宿泊所を提供するという鉄道会社本来の使命を果たすだけでなく、満鉄にとっての賓客の接待場所であり、また、住民にとって社交場であった。

例えば、一九一四年竣工の大連ヤマトホテルでは、夏の夜には屋外レストランとなる屋上庭園、バーや遊戯室、

図12　1910年竣工の撫順（千金寨）公会堂

（『南満洲写真大観』1911年）

図13　1921年に竣工したスパニッシュ様式の満鉄奉天図書館（『南満洲鉄道株式会社三十年略史』1937年）

読書室、趣向を凝らした複数の食堂が設けられ、また、蒸気暖房やエレベーターなどの設備の充実度合いが、ホテルの格式を維持、確保した。一九二九年竣工の奉天ヤマトホテルでは、小規模ながらオーケストラピットを備えたホールを兼ねた大食堂があり、音楽の演奏会場としても使われた。また、一九〇九年竣工の長春ヤマトホテルでは、内外装にアール・ヌーヴォー様式が取り入れられた。

この他、鉄道附属地の公的施設として存在感を持っていたのが、駅舎である。その代表的存在は、東京駅と同じ年に起工し、一九一〇年に竣工した奉天駅である（図14）。東京駅と同様に「辰野式」と呼ばれる外観を持ち、東京駅同様にホテルを併設したこの駅舎は、一九三七年に大連駅が新築されるまで満鉄最大の駅舎と言われた。そして、中央に載るドームに天窓を設け、その下に位置する改札ホールに光を降ろす手法によって、このホールは、旅客を送り出す場所に

図14　1910年の竣工時にはホテルが併設された奉天駅
（『建築雑誌』337号）

ふさわしい演出が施された。

また、鉄道附属地ではないが、満鉄が日本政府から委託されて経営した大連港では、発着する客船と列車との乗り換え便宜を図るべく、旅客の待合所と駅舎を一体にした船客待合所が設けられた。これは、満鉄が、大連・上海間の航路（上海航路）を運航し、この航路と満鉄本線を東清鉄道・シベリア鉄道とに接続することで、欧亜間の交通路の一部に組み込んだ具体的な現れである。上海航路の船が大連港に着くと、長春行の急行列車が船客待合所の一階に待機しており、旅客は苦もなく乗り換えることができた。

「満鉄建築」の成立

このように、満鉄の建築組織が生み出した建築は、満鉄が進めた鉄道附属地経営（支配）を根幹として、多様な事業に応じた建築であった。それを仮に「満鉄建築」と呼ぶことにするが、それは、満鉄創業時期に建築組織の総帥として多くの建築活動を主導した小野木孝治をはじめとした建築家・建築技術者が試行錯誤の結果生み出した独自な建築であり、日本人建築家が、日本の支配地で確立した唯一の建築である。ここで「満鉄建築」が生まれた背景を考えてみたい。満鉄創業時期の小野木をはじめとした建築組織の人々には、満鉄が進めた多様な事業に対して造るべき必要な建物をどのように建てていくかという問題が課せられた。

これに対して、小野木は、明確な二つの答えを示した。一つは、煉瓦造建築を建てることであった。二つ目は洋風建築を建てていくことであった。

満鉄創業時期に建物の構造を煉瓦造にすることについては、建物の耐火・不燃化という点と、日本国内に比べて寒冷な気候への対応があった。そして、満鉄が鉄道附属地に適用した建築規則において煉瓦造を義務付けた以上、自らが建設する建物についても、手本を示すべく、煉瓦造を推進する必要があった。そして、建物構造が煉瓦造になるということは、その外観は必然的に洋風建築になるということを意味していた。したがって、彼らが煉瓦造建築を推進したことによって、それらの建築物で構成される街並みも洋風の街並みとなっていった。

小野木たちは、これに満足せず、さらに、新たな試みをおこなった。小学校には屋内体操場を付設し、奉天駅ではドームに天窓を設けて改札ホールを飾り、各地の病院建築を世界的な病院の変化の潮流に合わせて新築していった。また、乗降客の動線を立体的に分離した大

図15　乗降客の動線を立体的に分離した大連駅
（1937年竣工、『満洲建築雑誌』17巻6号）

連駅（図15）、集中暖房を施した撫順の社宅街、欧州最新のサナトリウムを参照にした南満洲保養院、という具合に、部分的ではあるが、「世界建築」とも呼ぶべき当時の世界的水準に達していた建築もあった。

このような満鉄建築の成立は、小野木たちの能力の高さを示すものであり、その背景には、初代総裁の後藤新平が唱えた「文装的武備」と呼ばれた支配理論、小野木たち建築家の世界観、当時の東アジア地域の国際秩序が重なっていたことがあげられる。

「世界都市」と「世界建築」

後藤が唱えた「文装的武備」は、軍事力に頼ることなく、支配地の経済力と住民の生活環境の向上を図ることで支配を進めるという理論であった。後藤は、満鉄総裁を終えた後におこなった講演で、支配を維持する大前提として「植民政策のことは、つまり文装的武備で、王道の旗を以て覇術を行う」ということを唱えている。これは、彼が台湾総督府民政長官として、台湾の支配を進めていた時期から考えていたことであり、かつ、彼は台湾でそれを実践した。そして、満鉄総裁として在任中の一九〇七年八月には、統監伊藤博文に宛てた書簡の中で、軍事都市化した旅順の将来を引き合いに出して、「武装の虚威を張ることを休めて、文教平和の名を正すと共に、実業教育政策に由りて武備の実力を充実するにあり。故に今仮にこれを文装的武備と云う、文装の名は以て列国の感情を緩和するに足り、武力の実は以て意を内顧に強うするに足る」(鶴見祐輔編著『後藤新平　第二巻　植民行政家時代』、原文の仮名は片仮名)と記し、文装的武備論による支配が、単に支配を進める上で有効であるばかりか、帝国主義万能の当時の国際社会の中で列強との国際関係を維持しながら支配を進めることができることを説いた。

満鉄の多くの事業は、後藤による「文装的武備」を具体的に示すものであった。その中でも、特に、土木、教育、衛生を三本柱とした鉄道附属地経営は、誰の目から見ても分かりやすい「文装的武備」的事業であった。それは、この事業によって、鉄道附属地における居住環境が向上し、それが、満鉄の鉄道附属地経営(支配)能力を対外的に示すこととなったためである。したがって、鉄道附属地でおこなわれた都市建設では、列強諸国が東アジア地域で力を注いで建設した香港、上海、天津、青島、ハルビンといった都市、あるいは列強諸国の首都であるロンドン、パリ、ベルリンといった欧州の大都市と伍する世界的水準の建設事業が求められた。土木課長加藤與之吉と総裁後藤新平とのあいだでおこなわれた鉄道附属地の街路をめぐる議論は、加藤が荒野の中に都市を造るという発想だったのに対して、後藤は欧州の大都市と伍する都市を造るという地球規模の視点にたった発想であったところに根本的な相違があった。後藤にとって、満鉄が建設する都市は、どこまでも、列強が建設した都市と比較可能な都市でなければならず、そこでは、必然的に洋風の街並みが求められた。満鉄が鉄道附属地内の建物を煉瓦造にするように規制した遠因をここに求めることができる（図16・図17）。

図16　煉瓦造の建物が軒を連ねた1920年頃の奉天・浪速通（旧昭徳大街）

（『奉天名勝写真帖』1920年）

　また、鉄道附属地がそのように位置づけられたことで、そこに建てられる建物にも世界的水準の建物が求められたのであった。その結果、鉄道附属地は、都市の規模としては小さいものの、「世界都市」として出現したのであり、そこに建てられた「満鉄建築」もまた「世界建築」となったのである。

　以上のことを勘案すると、後藤にとって、満鉄が建設した都市とは、そこに住む住民の居住環境と生活水

図 17　関東庁作成の英文要覧（1934 年版）に掲載された 1930 年頃の奉天の街並み

奉天駅から浪速通を見通した光景。浪速通の先に大広場の記念碑が見える。

（The Kwantung Government, “The Kwantung Government:Its Functions & Works 1934”, Dairen(Dalny), 1934.）

準を向上させながら、それを住民に実感させ、また、対外的に見せることで、満鉄の支配能力を対外的に演出する場であった。そして、満鉄が建設した建物は、それを演出する装置であった。

●にしざわ・やすひこ
一九六〇年生。建築史家。名古屋大学環境学研究科准教授。著書に『図説「満洲」都市物語』(河出書房新社)、『日本植民地建築論』(名古屋大学出版会)等。二〇〇九年日本建築学会賞受賞。

正三角形の謎――旧大社駅

「バスに乗ったほうがいいですよ」。出雲大社に参拝した時のことだ。重要文化財になっている大社駅も見ようと場所を尋ねると、意外な答えが返ってきた。明治四五年、出雲大社の玄関口として開業した大社駅だが、かなり離れた場所にあるというのだ。

「大社駅開業五十年記念要覧」に、その「謎」を解く記述があった。

大社駅を巡っては、「馬場附近の住民と市場附近の住民が各々、誘致運動に乗り出し決定が非常に難しかった」という。「馬場」は参道の東側、「市場」は西側。駅ができれば人の流れが変わり、商売にも影響を与えるだけに、双方とも譲らなかったのだ。

決断を下したのは、鉄道院総裁だった後藤新平だ。出雲大社に参拝した際、「双方に便なるように両地区を底辺とする正三角形の頂点にした方がよかろう」という「御託詮」を下したというのだ。

しかし、「双方に便」とするなら、「中間地点」でよいはずだ。それを「正三角形の頂点」と、より遠くに建設したのは何故なのか。

大社駅については、出雲大社に近すぎると、参拝客が商店などを素通りするので「町外れへ」という要望が出されていた。こうした声にも配慮した結果が「正三角形の頂点」だっ

＊地図上は必ずしも正三角形ではない

たと考えられているのだ。少々乱暴だが、後藤らしい大胆で合理的な決断と言えるだろう。

後藤は鉄道院の運営に際して、「地方重視」の姿勢を打ち出した。地方の局長に優秀な人材を配する一方で、本省の局長には若手を起用、「直接の衝に当たらぬ本省の局長連が横槍を入れることはよろしくない」と、安易な介入を戒めたのだ。

現代でも実現が困難な「地方分権」を断行した後藤、この姿勢が大社駅の建設にも反映されたと言えるだろう。

後藤はさらに、独立会計の導入、厳しい経費削減や民間への業務委譲など、革新的な経営手法を鉄道院に取り入れる。これが、日本の鉄道事業の根幹を築き上げることになるのだ。

出雲大社から歩いて二〇分、到着した大社

▲旧大社駅

駅は静寂に包まれていた。大社線は採算の悪化で平成二年に廃止、寝殿造りの堂々たる駅舎に人影はなかった。思想なき鉄道政策がもたらした、悲しい結末だ。

大社駅廃止後の玄関口となったのが一畑電鉄の出雲大社前駅だが、町の賑わいもこの駅の付近で途切れてしまっている。駅の場所は誘致合戦をしていた二つ地域の「中間点」。住民が危惧していた事態が、現実のものとなっていたのだ。

高台に立って二つの地区を俯瞰し、大社駅の場所を定めたという後藤。その視線の先、「正三角形の頂点」に建てられた大社駅は、後藤の革新的な経営思想と、これを継承できなかった戦後の鉄道政策の失敗を、如実に物語っているのである。（**玉手義朗**／エコノミスト）

Ⅳ

後藤新平の都市デザイン論

編集部付記

一　底本の表記は現代仮名遣い、常用漢字体に改めた。書籍名は『　』で示した。

一　読み易さを考慮して、原文にない改行やルビ、読点を付加し、小見出しや書誌情報を加えた。

一　原文で理解が難しい事項には、編集部による注を施し、(1)(2)……で示した。編集部の補注は〔　〕で示し、原文の（　）はそのままとした。

一　今日では適切でない表現は、現代に即した適当な表現に変えた。

一　論旨と関係のない、時代にそぐわない箇所は省略した。

都市計画と自治の精神

（一九二一年）

後藤新平

一　都市と精神的要素

都市の計画は健全な自治の精神を離れてはいけない。健全な自治の精神のない都市計画は無用である。都市は民衆の集まる所であり、賢愚、貧富、醜美、さまざまな文野のあつまる所である。したがってこの都市なるものは、民衆を離れてはあり得ないはずである。人を外にしては都市がない。都市は人類の生活活動の中心である。ゆえに市民が健全ならば、都市もまた健全である。健全な市民の生活は結局のところ健全な自治を第一義とする。

今日、社会的、経済的、衛生的など、都市計画についての要目を挙げている所を見ると、多くは最近の文明の物質に傾いた所にみな融合され、それにとらわれているのであるが、健全な都市計画の社会、経済、衛生その他百般にわたるものは、必ずしも物質的傾向に拠るのではなく、精神的な施設を有するものである。またこれを含まないものは健全と言うことは出来ない。健全とは何か、と言えば、心身の健全、これがすなわち個人に対しての健全であって、都市においてもまたそうである。道路がよくなり、運輸がよくなり、物質の集散がよくなって需給を充足し、生活上の安寧を得たならば、都市計画はそれでよいかといえば、決してそうではない。必ずここに心霊的要素を満足させるものが含まれなければ、健全であるとはいえないだけでなく、病的なものと見なさざるを得ない。

　最近は、科学の進歩による都市計画が実行されるようになったが、科学の進歩そのものが次第に変遷している。従来、科学的なものは物質的なものであって、それに傾いていたに違いなく、今日は、心理状態に関する科学が進歩して来ると同時に、全く霊血一体一如でなければ、われわれの生活に役立つ完全で円満な科学とは言い得ない。科学的な施設によって、都市計画を為すという以上は、この点に深く留意しなければならなくなった。ゆえに、都市計画は、生物学の原則(1)に拠らなければならない。最近、行政の基礎を生物学の原則に置くということは、学者によっては認める人が多いが、立法、行政その他百般が、生物学の原則を離れて、ただいわゆる法律、教育、経済の理論などに支配されることが絶えずある。そこに欠点が生ずる。その欠点が積もって山となったものが最近の思想の不安をもたらしたのである。都市計画においても、終始この支配の外に出ることができないのであれば、その注意が必要である。ところがその注意を怠っているから、どの都市もみな行き詰りになってきて、困りきった末に、都市計画の声が世界中に起こってきて問題となっている。

　つまりわれわれの先代の借金が、ここに積もって来て、われわれがこの負債を償却できないのであれば、われわれの子孫と都市生活に、今よりも、なお大きな災害をもたらし、都市生存を危険なものにする時代に到ったのである。このように言うと、はなはだ昔の人の無能を笑うようにも思えるが、決してそういう意味ではない。昔の人々の時代には、それなりのサイエンスがあり、これが社会学的な関係であり、これが経済学的な関係であり、これが衛生上注意すべき事項であるとは言わないが、ある種の見識が都市計画に時代相応の注意を払って、思いを深くし考えに考えぬいた跡ははっきりと歴史から見て取れる。

まず東京で言うと、ただ美観という飾りのために、大きな神社、大きな寺院ができているかのように思う。浅草の観音、芝の増上寺、こういうものが諸所にある。また、それより古い所になれば、奈良、京都なども、今日ここに寺院が存在していて、まちを飾るためにそれらが残されてきたと考えているが、当時においては、絶対的な崇拝の中心をこしらえて、われわれの心的生活を助けるようにする計画が、そこにあったのである。この点は、都市計画の上で大いに考えなければならない。

二　自治は本能にある力

今日は、自治というと新しく出てきた考えのように思い、はなはだしきにいたっては三十年前、勅語によって発布された自治体、自治制(2)が起こってから、自治の文字が広く用いられているために、維新、ことに三十年以来のものであるかに思っている。しかし自治は生物の本能であり、人類の本能なのである。人類の本能に自治があるのだが、その自治という字がオートノミーの翻訳であり、セルフガヴァメントの翻訳であるとして、ただちにわが国にはないものが入って来たかに思うのが大きな誤りである。生きとし生けるものの本能の中に、自治という力があると考えなければならない。これがすなわち、あらゆる生物の原則をたどるのでなければ、その正しい理解を得られないという本能で、根元の流れである。支流も流れを作る。ところがさかのぼる時に道を間違えて支流に行って本流をたどることができないのが現代のわれわれの生活で、そのために都市研究会[3]の必要が起こるのであり、都市計画の必要を叫ぶ声が日に日に高くなる。

分かりやすく言えば、ペスト、コレラの流行病があって、そこで対症療法的に衛生の必要を感じるのは、凡人にありがちな罪であり、また性質である。都市計画の必要を喚起したゆえんもここにある。すなわち、自治的精神をまつのでなければ、健全な都市計画を全うすることはできず、健全な自治精神を離れては都市計画は無用なのである。

三　個人自治と団体自治

ここで自治についても少し述べておきたい。自治といっても個人の自治と自治団[4]の自治とは違う。全く別物ではないが、実際において大きな違いがある。そもそも自治団の自治は個人の集合したものに違いないが、ただ集合したものではない。有機的に組織的に集合したものが自治団である。ただ個人が寄ったのではない。たとえば、ここに一貫目の人が十人寄って、それが十貫目であるというものではない。十五貫目、二十貫目にもなる。そういう生活活動をなす一大勢力がそこに生ずるのでなければ、真の自治団とはいえない。他の言葉で言うと、個人を超えた力がなければならぬ。個人を超越した力が自治団の中に出てこなければならない。ただ寄ったばかりでは自治団とはいえない。

ところで、現在の法律によってできた自治制は制度上のもので、市長生活のようなものである。そのほかに業務自治があって、いくらでも造れるようになってきている。それはどういうものかといえば、弁護士の組合、医師の組合もその一つであり、産業組合、同業組合なども同じく自治団である。この種類のものが次第に増していけば、われわれの生存上の本能から出た自治の力の活動である。最近になって、労働組合の問題については世間でやかましく言っている。これは自然の本能の活動として誇るべきものであって、ただその活動が悪用されるか善用されるかは別であるが、自治団が有機的に正常に組織されて、超個人的な能力を発揮し、能力を挙げて行くことは明らかである。

これは文明の生活の上にわれわれが最も必要とする要素である。これらはすべて都市計画に対して偉大な働きをなすのである。もし、市町村制に定めたもの、すなわち市会といい、あるいは町村会といい、市町村長というものがあるが、それだけの力でやるのであったならば、私がここに言う超個人的能力のある自治団の一部に限ることになり、これだけでは、今日の複雑な文明生活を全うするのに足らないのである。

次に個人の自治とはどんなものであるか。個人の自治とは、人類の生活する個体がみな所有している自衛的なもので、これはみな本能の作用から出るのであって、その生物の階級の違いによって完全なものもあり、不完全なものもある。これによって防衛するのである。これは毒だ、この風は最も自分の生存に悪いとなれば、その方には向かない。あらゆる生物が脇の方に向く。これと同じように、個人個人が防御の力をもっている。防衛の力をもっているのみならず、消極的な仕事のほかに積極的に進もうと本能的に働くのは、生物固有の自治能力であって、その性質の固有の自治能力は、必ずしも物質的ばかりでなく、精神的な力を持っている。これは生物通有の性質であって、人類はその最も高尚なものをもっている。したがって、賢愚、強弱、文野の別ができ、真善美というものができる。

四　都市計画の三大項目

いかなるものが真であって、いかなるものが偽りであるか。いかなるものが善であって、いかなるものが悪であるか。いかなるものが美であって、いかなるものが醜であるか、弁別力が人類の自治能力が精神的な力として発揮されるうちに生じてくる。真善美が、都市計画のまた一大要素であって、これがさまざまな計画の上にきちんと実現されるには、三世貫通、内外透徹の力によらなければならない。三世貫通とは過去、現在、将来の個人がそれぞれに引き継ぐ力であり、内外透徹の原則とはすなわち、われわれの歴史の三千年の経過のある都市常住生活、都市をきわめた生活、また海外諸国の歴史についても注意をしなければならないということである。これが、三世貫通、内外透徹の見地をもって都市計画に臨まなければならない理由であって、その間に真善美というものが離れない。かくして都市の美観ということが出てくる。要するに、この三大項目を適当に調和して歴史的観念をもって、得失を明らかにし、将来のために施設をしなければならない。それは大変面倒なことのようだが、個人すなわち人間の自治的精神とは何かを顧みれば、すべて簡単明瞭になってくる。したがって、この個人の自治的精神が有機的に集った自治団の能力を用いれば、その精神力の偉大なものが生ずる。したがって、われわれの祖先以来どんな風になってきたかに最も注意を要することが要件になってくる。

われわれが定住するようになってから都市計画の必要が迫ってくる。水草を追って移る民には都市計画の必要は全くない、絶対にないとは言えぬが、ほとんどないと言ってもよい。かくして、われわれの生活は自然的であるか、不自然であるかという問題が生ずる。文明という生活、文化生活は自然な生活であるか、不自然な生活であるかについて、大いに考慮を要する。これも都市計画上、有用である。文明生活が必ずしも不自然とは言えないが、文明生活は多くの人が信じているように、自然的なものか否かは大きな疑問である。要するに文明生活とは個人の自然な生活であるか、不自然な生活であるかについての考慮が必要であると思う。

五　大便および小便問題

さて、定住した時から都市計画の原因が生ずるといえば、定住する時に……最初はごく不潔なことを言うようであるが、都市計画に必要なものは大便小便の問題である。

定住する時から大便小便の問題が生ずる。また下水の問題も生じる。しかし定住というが、まだ雑居しない間は、すべてこれは造物者を掃除人夫に使っていると言ってもよい。一軒の家で下水に流しても自然に清潔になる。一軒の家で便所を持たないでいた生活をしていた時には、造物者がすべて大小便を清潔にする。そればかりか、もし人が死ぬと、そこのものを焼いてほかの処へ行き、何年か経って帰ってくるまでには、造物者が清潔健全な地とするから、ここへもどって来ることができる。すなわち都市計画の必要はないのである。もし東京市で、あるいはその他の都市の市民が、都市計画などの必要はない、そんな金の要ることはいやだというならば、それと同じ生活をしさえすれば、そんなことに金はかからない。

私は奥州に生まれた。奥州のわれわれの生まれた水沢あたりでは、最近は別だが、今から五〇年前、便所はみな外についていた。家の中についているのは、まず千軒に一軒しかない。別に建っている。それで、これだけの糞尿の処分について問題はない。いくらかの定住があってもこんな具合である。そこでこの定住すること、また町を造ること、すなわち一種の部落を造って生活をするとなると、自然不自然の生活が初めて起こってくる。造物者に代わって大小便をどのように清潔に処分するか。人為的にこしらえても、自然に近い生活となれば、大小便を垂流しでやるか、あるいは便所が決まっていても、それから大小便その他下水が地下に浸み込むようでは、はなはだ自然に背く生活である。多くの人は井戸水が清水であるとしてそれを汲んで飲んでいる。何ぞ図らん、その清水なるものは自分の大小便を汲んで飲んでいるのだ。これを自然な生活のようにして文明生活を調和させるとなれば、初めて科学的施設を用いなければならない。その科学的施設を誤らないように用いれば、自然に近づくことになる。これが都市計画のまず要領である。そのことを自ら治め、欠点のないようにしていくという、自治的精神の活力によって、初めて真の自然生活を文明的にすることが可能となる。これが都市計画と自治的精神との調和によって行われるのである。

　さきに私は絶対的な超人的、人類を超越した一大原因を信頼して、人間は生活してきたと言った。その絶対の一大原因とは、分かりやすく言うと神や仏である。宗教の違いによって色々の名をつけるが、それに違いない。そのやり方がみな人々の自治的生活を安全にさせるようにして、あるいは迷信だというかも知れないが、とにかくその趣意は、自治的にできるようになっている。竈《かまど》には竈の神がある。雪隠《せっちん》には雪隠の神様がある。昔からの習慣を重んじている田舎の家に行くと、注連縄《しめなわ》を雪隠に持って行ったり、井戸端《いどばた》に持って行ったり色々な所に持って行って、六根清浄(6)にして清めたということがある。今日、このように言うと、何か哲学的であるとか何とか理屈のように見えるが、そうではない。そんな面倒なことは言わない。自然にそういう風になって、清潔にするようになっている。もし雪隠を穢《きた》なくすれば婦人の病気が出てくるとなって、婦人に自ら戒しめ、自治的生活ができるようになっている。われわれの先人はいかにも都市計画などには迂遠《うえん》であったから、今日に至って行き詰まりを生じ、われわれに困難をもたらしたように言われるが、決してそうではない。

これは自然の本能である。自治の本能が偉大に働いて、そうむずかしいことを言ったり、聴かせたり研究しなくても、そこに到着するようになる。これが自然の霊肉一如の働きであった。

ところが文明生活がここに起こってきて、分析的な科学が盛んになって総合的な科学が衰えるようになって、政治上にも、社会上にも、今日行き詰まりがはなはだしくなってきたのである。都市研究会が各科専門家に委嘱《いしょく》して……専門家が悪いと言っては済まないが、専門家というのは善くもあり悪くもある。文明、危険の多い文明も自治の精神の発達いかんによって生ずる。

六　学問の総合と市民の協力が必要

専門の学問が出てきたために色々変ってきて、まず第一に大きなものは政教分離である。政治が宗教と分離してこれが善いとか悪いとかは私は言わない。これは別物である。それと同時に今度は色々な文化が出てきて、先刻言ったように、本流と支流がだんだん分かれてきて、人を迷わせることがはなはだ多い。そうして無神論が起きれば有神論も起きる。これは進歩の道程であって、その影響を自然に受けて井戸端へ小便したって罰が当たるものではない、雪隠を穢《きたな》くしても病気が起こるものでもない、台所を穢くしたって竈の神の罰が当たるものでないとなる。これは大きな進歩に違いないが、このことがどれだけ自然の生活を阻害し、われわれの将来の罪悪をこしらえ、借金をこしらえて、自然に合っていないことが明らかに察せられるような事態を招いていることであろう。新時代の都市計画の方から言ったならば、衛生関係の一部に属するのである。昔は祈念衛生の時代があった。祈り祈って衛生の幸福を得ようと思うから神をこしらえ、これが竈の神、雪隠の神、荒神様、それは必ずしも神道でこしらえたばかりではない。仏教でもやはりそういう風になっている。私は神道で、仏教は自分の先祖にないから言うことはできないが、当たらずとも遠からずその通り信じていた。誰も子供の時にはみなそうであったに違いない。ところが文明のお母さんが出てきたり、文明のお父さんが出てきたりして、どんなに変化したか。

そのあたりの自治的精神が複雑になったことが分かる。同時に不自然であるか自然であるかが分かる。造物者が支配すると信じていたから、造物者の罰があたるという生活をしてきたのである。

かくしてわれわれ都市研究をする者が都市計画をたてて行くとき、この変遷の目的を考え、個人自然の変転の形跡に鑑《かんが》み、これに適当な施設を加えなければその禍いを避けることができないようになり、都市計画の必要が起こるのは、それに起因する。そしてその都市は先に申したように、賢愚、美醜、強弱、文野の集まる所であって、広く分かりやすく言うと、東京は帝国で一番大きな都市であって、大馬鹿者と大利巧者の寄合と申してよい。だから都市計画について、途方もない間違いをする役人もあれば、また反対する人民もある、これは自然の勢いである。そこで相当の研究をしなければならない。要するに都市は一国文明の中心である。生活向上の中心なりと言えば要領を得ているに違いないが、都市は必ずしも文明の中心ではない。都市が必ずしも生活向上の中心ではない。仮りにそうだとしても、それと反対の現象をそこに含んでいることも察するに余りある。

つまり文明病なるものがある。この文明病の予防はさまざまな分野にわたるが、まず教育家に言わせれば教育だとか、衛生家に言わせれば衛生だとか、社会学者に言わせれば社会学だとか、経済学者に言わせれば経済学だとか、法律家に言わせれば法律のいかんにあるというように、みな視野の狭い者が寄って自分の好きな方に持って行って、嫌いな方に反対する。完全な人間の一体というものではない。それぞれの分野の知見を総合して初めて総合的な健全なものになるのである。

ゆえに都市と山村とはもとより生活状態が同じではないが、水草を追って移る民から変遷した状態に比較して見ると、都市も山村も、都市計画と同じ注意を要するのは明らかである。

共通なものである。ただ都市と山村とはそこで共通ではあるが、また特有なところがあると同じように、都市と都市の間にも特有なところがある。

何をどう選択するかは、今日その局に当たる者がその専門の人に頼るのは、今日の時世ではやむを得ないが、都市計画そのものは市民の了解によらねばならない。市民の了解、市民の協力によらねばならないのは疑いない。

そこで、制度上の自治、業務上の自治が起こってきて、制度上の自治と業務上の自治とはその調和を得て、そうして国家の法律の制度の及ばない処を助ける、その覚悟をもって欠点のないように補うことをしなければならない。

これはすなわち個人自治、団体自治の能力によって全うするのである。この時に当たって、われわれの群集生存の初めより今日、都市を成した古今の差はどんなものかをよく観察しなければならない。これはある学者に一言で言わせたならば、歴史関係と言うだろうが、歴史という字は同じに用いるが、考えようによっては、歴史というものの深い、狭い、広い、大きいということが出てくる。

これは各自の類推に委せて、今はここでは言わないが、その深浅、広狭、大小はあるにしても、この歴史の観念については、ある学者は歴史は過去の政治学であって、政治学は現在の歴史であると言っているが、この意味はなかなかにうがっている。その政治というのは、労働者なり、何かが喧嘩したりやり取りするのを言うのではない。健全な個人を超越した力によって管理する者の政治の意味である。そのように見ると個人の自治の力から起こった自治団の能力を頼まなければならないのは明らかなことである。

七　ウェルズの未来都市論

かくして自治精神の健全な者が健全な都市計画を支配すると言うことができる。都市計画において著しい変遷を遂げたのは昔は平面的にであったが、今日では縦に向かって見られる。都市計画の上で地下鉄道、地下埋没物といって地の底にも入ることは、人々はすでに承知していたのであるが、大戦争前に、空中まで支配する都市計画、あるいは自治本能の働きが起こらねばならない、というような原因が起こってきた。縦《たて》のものが起こってきた。こういうことが変遷の一つである。このことは非常に面白く、文明の余沢《よたく》のようであるが、その半面に文明病を孕《はら》んでいた学術技芸の応用、学術の誤用が、この中に胚胎《はいたい》していることを思わざるをえず、これをもって都市計画が完全なものとは思わない。

今から二十余年前だが、ウェルズという人が、『アンチシペーションズ』(7)という本を書いている。実は私が二十年前に国際連盟の理事長をしている新渡戸稲造《にとべいなぞう》(8)君に読んで貰ったが、ウェルズが非常に面白いことを書いている。それはどういうことかというと、一体、都市というものは足で一時間で歩けるくらいのところが都市である。ところが人間が馬を使うようになると、その何倍、足では一時間に日本の里数でまず一里、二里ばかり、馬で駈けるならばその半分あるいは三分の一くらいでその距離を行ってしまう。次に鉄道を用いて鉄道馬車となり、次に蒸気・電力で動かすことになり、都市は段々広くなってくる。こうして、都市の広くなるほど電力を用いることになり、広い土地になって、元よりも狭く使って便利になるという経過を詳しく論じている。

要するに、人の足から馬の脚、それから蒸気・電気になり、その運輸が便利になって、都市は広くなる。こういうことである。

このときに彼は、まだその縦《たて》のものは詳しく論じていないが、横のことはよく論じている。しかし地下のみならず建築などについても、詳しく論じている。

その建築の中に非常に面白いことを私は感じている。どういうことかというと、私は、近来、穢《きたな》い話だが、雪隠に行くたびごとに始終考えていることがあった。そうするとその私が考えた通りのことがこの『アンチシペーションズ』に書いてある。すなわち、雪隠がどれだけ掃除のゆき届いた所でも掃除のしにくい所がある。そこでこれを真四角でなく丸く造ったら掃除しやすくなるだろうと始終考えた。これを建築家に聞いてみたら、今の雪隠を建てる三倍かけてもできないと言う。もちろん今日のセメント、コンクリートでやったらと……今を去ること殆ど三十年前に考えた。昔話のようだが、その下にタタキを造らせるのは非常に困難であった。自分も困ったと考えていたが、そうすると『アンチシペーションズ』に書いてある、二十世紀になるとそういう風な傾向になる、段々人が多くなると人糞類などは、簡単に始末するようになる、ポンプをかけて洗った後はブラシで真ん中の機械をグルグル廻すと、雑巾をかけたようにすっかり綺麗になるとウェルズが書いていた。色々、社会改造のことについても書いている。

それだけでなく、非常に面白いことは、博覧会に出ていたエスカレーター、あれが道路に出てきて、道路は最初三つになって一つはその速力が人が足で歩く幅、それから真中の一本はその倍、こちらからそちらに行くと安全に行ける。にわかにその速力がひどくなると倒れるから倍くらいの速力にして、段々それを五本、七本とかけていくといわゆる高速度エスカレーターになって行ける。これが道路改良の方法であると書いてある。そういうようなことは極端であるが面白いことのように記憶している。都市改善計画については実に周到なことが色々書いてある。最近、ウェルズが世界歴史を書いている。新聞にも載っていたのでご覧になった人もあろうが、この人が段々世界の変遷のことを書いている。歴史といっても今までの歴史とずいぶん違い、歴史の解釈も違ったようである。

それらのことはことごとく都市研究、都市計画の材料とならざるを得ない。それを、すべて総合してみるとどうなるか。最初に言った、都市は人を離れてはないということ。その人というのは、自治的精神をもたない人はわれわれの人というものではない、ということになる。

八　都市における自然な生活

この自治的精神によってわれわれが生存し、三世貫通、内外透徹の見識をもって生存することができる。自治が都市計画を支配するのである。

こうなってくると、初めてあらゆるサイエンスが、自分たちの禍いとなるように用いることができなくなってくる。なぜかというと、自治的生活の本能、自治の精神が確立している間は、すべて間違いを生じないようになってくるからである。そこで不自然なことは自然に近いようになってくる。われわれの生活は文明生活と言うが、段々不自然になる。この不自然なところを改めるのに欠くことのできないものが今日の科学研究に必要で、ようやく自然に近い途に行こうとしているが、田舎の文明は自然から背反するようになった。今日はその弊害を認めたからサイエンスを研究して自然に近づくようにしていく。今まで、自然に近づくのは、単純な生活をして複雑なものを去って簡易生活をすることで、仙人のようになって、都会生活より山の中の生活に入ることが自然と心得ていたが、そういうわけではない。都市にいながら自然に近づくようにしていく、すなわち現在の科学的応用が自然に近づく、自治的精神の支配の下にいくわれわれの生活法である。

これは非常に困難である。この困難なことを完全に行うには何が一番着目すべき要点であるか。今日では分析的な科学が盛んになってきて、色々な専門に分かれてしまいこれを総合する力がない。人類生物なる者はすべて総合的な力によって初めて完全になるのである。すでに分析的な科学が盛んになったために、ズバリ言うとまとまらなくなってきた。それをまとめて一つのものにして応用することがあらゆるわれわれの生活に必要なことである。都市計画上、甚だ必要なことである。

ここにおいて、さきに言った真善美も、それらが調和されまとめられて初めて都市計画が完成する。ここで、この自然に近づくこと、自然生活ということの意味に変化があるかについて一つ考えなければならない。その自然に近づくとは、仙人的になるというわけではなく、今日、自然に近づくと言う者は都市生活をしていながら自然に遠ざからぬように、不自然な生活をしないように、学術技芸の応用に、学術誤用の禍いを招かないようにすることが必要である。これがすなわち自治的市民の最も注意しなければならない、必要な精神である。いかに総合するか、都市計画についてさまざまな科目にわたり、大きく言ってみると中央集権、地方集権が都市計画の上においても、この都市の管理の方針によって違うのである。また他の言葉で言うと、都市計画の上に自由営業を許すこと、また都市公営権を掌握すること、最近ならば何人も都市経営公営を必要とし、市街鉄道、上水、下水、ガス、電灯、電力供給、あるいは市場、あるいは港湾、あるいは水運カナル、建築、美術の観念その他のことがある。娯楽場、社会的施設、それをどう総合するか。総合する時に至ってその本尊になるものは何か、自治的精神を除いて外にない。この自治的な精神を離れた都市計画は無用であるゆえんは、ここにあるのである。

九　都市計画と予見

ただこう言って見るといかにも単純なようであるが、このことが至難であるのは、決して東京市が困るとか、六大都市が悩んでいるから言うのではない。世界中これに悩んでいる。行き詰まって大騒動されるのはここにある。これは総合的でないからである。

またもう一つ進んで、警察関係については余程注意しなければならない。ただ大火災、水害とそれの防御、衛生警察だけのことではない。風俗関係もある。このようなことがみな都市研究の材料たらざるはないのである。風俗警察そのものにいたっては、実に様々なものがある。ただよく言う淫売婦などを対象とするのが風俗警察ではない。すなわち、労働者の住居、労働者の娯楽場、教育関係すべてのものが都市計画の上に横たわっていて、あるいは工場地帯を定める、あるいは混合地域にするとかが、その土地土地によって違う。

また現在の土地によって違うのみならず、将来、その土地へ永続してやらなければならない。このようなわけであって、風俗関係においては、実際、公園などは大いに注意を要する。同時にこれは心理の上において非常な影響を生ずるのである。ここでこの公園をいかに力を入れて各国が経営しているか、大いに内外の形勢に鑑《かんが》みなければならない。日本ではどうか。富豪が土地を開放すればよいということで今日実行されている。誠に結構なことである。その開放した土地は住宅が足らぬからとそこに住宅を建てる。こういうことが必要である。住宅を建てるには公債を募ったり、色々しなければ財源がない、そこでやむを得ずただ庭園を開放すればよいというわけだが、ここにおいて都市研究の必要な問題が生ずる。

仮に東京に公園があるといっても誠に猫の額のような公園であって、それも暁《あかつき》の星みたいなものである、沢山はない。ここで健全な都市を維持するに足るべき公園がないために富豪の庭園がそれを補っている。

東京は、つまり富豪などの持っている庭園があるからそれでもっている。それを維持しないで、ただ富豪が持っている土地を開放すればよい、そうして家を建てる、別に費用は要さない。自分の費用で建てます、至極結構なことのようだが、その建てた結果はどうかというと、下水、便所などはどんなものができるか、はなはだ危険きわまりないものが出てくるから、いったんコレラ、もしくはペスト（黒死病）があったならば、火をつけて焼かねばならないものが出てくる。流行病などの死亡の増加という恐ろしいものがここに生ずることを思わねばならない。こうしたことを言って聞かせたとき、市民はなるほどと了解するかというと了解しない。

かくして自治的精神が市民にあるかないか、各自持っている本能を了解しているか否かの問題に帰着するのである。実に今日の東京などは恐るべき実況である。

今より二十有余年前、私が衛生局にいた時を考えて見ると、山の手はその時分は死亡数が少なくて、下町の方が死亡数が多かった。今日においては山の手の方が非常に多くなっている。それはどういうわけかと言えば、これは文明生活の誤りから来た罪悪の結果である。そこで都市計画・都市研究がいかに必要であるか、はなはだ明らかになってくるのである。また、いかにわれわれが文明生活だといって非常に喜んでおった不自然な生活によって日々罪悪をいかに積みつつあるか、分かるのである。

大体こういうわけであるが、この東京市において例を取って見れば沢山ある。沢山あるがいずれの土地においても共通的弊害はもちろん免れない。土地の公営権というようなことについて、ここにちょっと申しておきたいことがある。

これはよく政治家などが議論することである。ことに昔の経済学を修めたマンチェスター派(9)の言うように、政府もしくは公共団体の自由は不経済なものにきまっている。これが健全な自治的精神をもたない民の間に通有する欠点である。国家もしくは公共団体が不経済なものであるというならば、これは大いに過ちである。その不経済は全く経営にその人を得ないからである。国家にしても公共団体にしても不経済なことしかできない臣民・市民が寄っているのであるならば、亡国の徴《しるし》である。

そんな無能力者がやっているのは亡国の徴である。かりそめにも自治的精神に富む民、また自治的精神を理解した人が寄って共同的なことをやり、また都市の管理をすることが、個人の経営よりさらに不経済であるときめつけ、それよりほかにできないとすれば、どうなるかは、自問自答して思い半ばに過ぎるものがある。

このように考えてみると、国家もしくは公共団体は不経済なことしかできないという、その人自らの無能力を訴えているようなものである。また現在にはずれた者である。今日において、自治的潜勢力のある市民ではなくて、共同団体が相変わらず守っている時代思想と同じことで、依頼心の多い社会主義に傾くことは、はなはだ危険である。その極《きわみ》は遂に共産主義を唱えてもよいということになってくる。

そういう意味においては、都市計画などはそもそもできない相談である。都市計画・自治的精神はここにもまた大いに考慮すべき要素を含んでいることが了解される。またそのように私は希望する。私は都市計画について自分に十分な能力があるとは思わない。しかしこれについては相当な苦痛をし、相当な経験をいたしているのである。

都市計画を論ずる人は、直ちにニューヨーク、パリ、ロンドン、ベルリンなどの例を引くであろう。しかし、日本において都市生活の改善をして幸福に生活するところはどこにあるか、わが帝都にあるかないか、こう言って見ると最も偉い人でも「そうだね、どうもわが国にあるかな」と言う。これくらいとぼけた人間がいる。それが有識者でなければよいが有識者にもずいぶんある。試みに、台湾の都市[10]がいかに計画されているか、また満洲に行って見ると、多くはロシア人の計画であるが、新しくやった長春の市街[11]は日本人の名誉にかかるものである。あるいは、都市研究会、都市講習生の集会をかりて、過去を誇るという非難もあるかも知れないが、この計画の時に当たっては幾多の艱難《かんなん》があったのである。

これを簡単に申しますと、長春の計画をした時に、次のような批評が起こったのである。陸軍の計画で定めた面積の三倍の、知らぬ土地を買って、そのために三井の番頭を使って買うのであるから、コミッションを取るためにああいうことをするのだという非難を受けた。

今日、長春の土地はどうなっているかと言えば、「貴方の御計画ですが割合に小さなものですな」と言う人がある。満洲では六頭立ての馬車は当然なことである。ゆえに道路の幅は広くせざるを得ない。それで日本人が行って見ると、その計画の時に道路の幅が広いには広いが、今日になって見るとこれは狭いとこう言うのである。

都市の計画は、ウェルズの『アンチシペーションズ』のようなことは少し突飛かも知らぬが、とにかく、予見というものがなければならない。保守的固陋《ころう》な精神で、現在に囚《とら》われてただ一時をしのぐのではだめなのである。そうして行ってただ時世の変遷についてなお足らないと覚えるのはやむを得ないことであるが、万難を排してここに至ることを期さねばならない。

十　撫順《ぶじゅん》と労働者の住宅

次は建築計画のことで多少の経験について申し上げたい。撫順(12)の労働者の住宅についてである。撫順の町も日本人のこしらえたものである、ロシア時代には誠に微々たるもので、ここは鉱山であるが小都市をなしている。その小都市である撫順の労働者の住宅問題を解決した時には、盛んな反対があった。どういうことかというと、贅沢《ぜいたく》すぎると言う。

そのわけは、寒いところであって室を暖めるのを蒸気でやるようにした。そうしてエレベーターで二階三階に住んでいる者が行けるようにした。それに水道の供給があって、ごく必要な場合でなければ火を焚《た》くことは要《い》らない。もし火の必要があればガスを焚く。だからみなびっくりしてしまった。

あんなことをするから金がかかると言った。都市の経営で衛生経済に注意しなければならないのは何人も言う。こんな不経済なことをして、贅沢なことをしてと言うが、それは不経済ではない、贅沢でもない。

この鉱山付近に住んでいると、とにかく石炭などは不規則に使われる。相当に使う。最も経済的に節約をするのは科学的生活の本意である。またそこに労働している者に石炭を不規則に使わせることは、われわれの自治的観念を堕落させる原因となる。不道徳きわまるものである。それを自由にさせるという事はよいようであるが、かえってその人を堕落させる原因である。

かくして、すべての都市計画が霊肉一如的にも物的にも関係する。またその人の将来も考え、生活習慣をも注意してやることは必要な要件である。ゆえにその建物は煉瓦、その温度の供給は蒸気、鍋にはガス、こうなったから日本から行った人は非常にびっくりした。そのために火災はなく、石炭の供給は全く節約され、いかなる恐慌が来て労働者関係の問題が起ころことになっても、正しくみんなやれるようになった。これが都市計画においての住宅問題についてはなはだ必要なことである。

最近、石炭の値段が上がり、また電力供給などの話も世間に起こってくると初めて悟る。明かりはすなわち電力、こうなっている。労働者によすぎるというが、このために労働者の能力となって行く。ここに初めて社会経済、衛生的設備が完全になる。そしてこれについて余り誇るにも足らないが、日本人の多くの計画からみると規模は大きなものである。

ここで都市計画上の多少の経験から言うと、大いに注意を要することで、非常に困難なものであって、その辛苦を嘗《な》めているが、今までの都市を直すよりよほどやさしい。東京市などよりよほどやさしい。なるほど色々な攻撃もあったが、誠にやさしいのである。わが国の都市計画を顧《かえり》みると、それは台湾および満洲の都市計画のようなものではない。へたな人の書いた文章を直してやるようなもので、最初は自分が書けば何とか困難があってもやれるが、それと同じことで非常に難しいと思わなければならない。

そこで、自分が東京市に従事して以来、東京市の都市計画について、どうすべきかは、単純に科学的計画ばかりでなく、東京市の歴史を顧みなければならない。おおよそ歴史に関係することを顧みなければならない。

これは昔から言うことだが、最近に至っては生物学的な基礎の上に考えなくてはならない。

生物学の関係はすなわち歴史というものを含んでいる。人間が段々時間を経てきたものについて鑑《かんが》みなければならない。そこでこの都市を計画するとき、その調和を図ることが必要である。すなわち市民の了解、協力ということになる。市民の了解および協力を頼みにして、初めて自治的なことができる。自治的な民であってこそ、頼むことができる。すなわち自治の精神を去って、都市計画が成立するはずがない。この市民の了解を得ることについては、純粋に言ったならば学問の民衆化を求めなければならない、こういうことになる。今のデモクラシーを主唱する人はそれを言うであろう。また道理である。道理であるが、その方法を講じないで、ただ科学の民衆化でなければいけないとだけ言っているのは、何でもないばかりでなく、その方法をいかにして講ずるかが必要である。

それはすなわち、われ自ら考究して、苦心を嘗め、われ自ら利害を明らかにして赤誠《せきせい》を市民の胸底に置くよりほかはない。すなわち都市研究会が企てて、内務大臣がこの講習会に大いに力を致さねばならぬという覚悟に至ったゆえんである。

十一　純日本の民本主義

ここで私は一言申しておきたい。ごく急進的な考えというか、ごく熱誠の考えの人は、東京に自治の観念はない、また東京ばかりでもない、多くの都市に行っても、自治の観念がないと言ってもよいと言う。果たしてそうであろうか。これは雑談ではない。全くデモクラシーの攻究の上において、私は言う。熱誠の人が、現今、自治的観念の結合がないために何ら都市計画もできないと慨嘆《がいたん》して言うのはやむを得ないが、ただ憤慨するだけでなく、少しばかり冷静に研究しなければならぬかと思う。

最近四、五年、もしくは二、三十年の間に非常に発達した都市もある。しかしながら、およそ百年、二百年経った部落であって、ただ都市ではなくとも都市と成るべき卵があって、それから発達した地方において、自治の観念がないということは決してないはずである。したがってこの民主主義というか民本主義というか、当世流行のデモクラシーにしても、三千年のわれわれが国家を維持してきた中に、デモクラシーがないということは決してないのである。

これが自治的精神の一部として十分に考究しておかなければならないことであり、また民衆の思想問題は都市計画に大きな影響を生ずる意義を持っている。それゆえに、私の卑見を自治的精神の一部として申し述べておきたいと思う。

日本にはデモクラシーの観念がある。三千年の歴史を持っている民には、三千年のデモクラシーの歴史がある。このデモクラシーの歴史がある以上、日本に歴史がないということはない。ただ政権のために蹂躙《じゅうりん》されて、時に機を失い、あるいは廃《すた》れ、あるいは盛んにと、こういうことがあった。それはそうとして、デモクラシーがなくはない。最近、学者の説を聞いても、専制政治の国でもデモクラシーはある。共和政治の国でもデモクラシーはある、専制政治の国より劣っていることもある。最近の学者の言う所を承ってもそうであろうと信ずる。これは従来、自分の信ずるところと同じであると考える。

したがって、自治にしても、東京には自治の観念がないと聞くが、決してそういうわけではない、三百年の都市にしてそのようなことがあるわけがない。ただその自治の観念、自治の習慣、自治の実行について時々消滅したり、時々それが興隆したりする痕跡はある。

ごく簡単に言ってみると、御維新の時に三河武士を追い払って薩長が入って来たために、政権の蹂躙《じゅうりん》と共に、東京の自治の組織がひどく破壊されたのは事実である。その後、政党の争いのために、東京の自治は時に尊重されるような餌《えさ》に使われるばかりで、事実において蹂躙されたということもある。このような自治は政権争奪の具となるだけであって、自治生活の幸福を増進するための自治的精神の備えとなるものでなく、害になるものである。ことに東京は政治の中心であるがゆえに、そうである。これに反して大阪などはどうしても東京より進歩している。これは当局者にその人を得たということもあろうが、大阪市民慣行の宜しきを得たということもある。なぜかというと、御維新の時に権力によって大阪市民の自治は蹂躪されなかった、慣行が廃れなかった。その一つの証拠として、かの大阪の経済生活に最も尊重された五代才助(13)、藤田傳三郎(14)というのが、ここに頭角を延ばしておった。そのために、薩長化することができなかった。

東京においてはこれに反して、巡査でも薩摩人を使わなければ人が服さなかった。平民にあらざれば人にあらずという勢力を張って政権に蹂躪された東京市民である。これに反して大阪においては、五代才助、藤田傳三郎などは、薩長化することができず、大阪化してしまった。これが大阪自治の大勢力である。今日において大阪の自治的発達を援助してきた歴史と見てさしつかえないと思う。

自治の観念、また一国のデモクラシーには利害の時代、正邪の時代とがある。利害の支配する時代においては、正邪の観念は時に混乱することがあり、全体にわたってその効果を見ない。日本のデモクラシーにおいて大いに注意すべきである。ここに十二分に注意して民衆化した現在の都市計画または自治的都市計画に努力されることを希望する。

なぜならば、日本においては利害ばかりではない、全体にわたって見ると利害勝敗のみでこれを判断しないデモクラシーがあるのは、喜ぶべきことである。日本のデモクラシーがここにあるということは……古人を批判するのははなはだ僭越《せんえつ》かも知れないが、楠木正成(15)という人は、足利尊氏(16)に比べたら政治家としては、どうも及ばなかったかも知れない。そしてあの最期を遂げた。日本国民のデモクラシーは尊氏に味方しないで、楠木に味方するということは絶対に動かすべからざる歴史となって、伝統的になっている。ということは正邪の観念に最もよく支配されていて、利害の観念に支配されていないのが日本のデモクラシーである。この観念から、都市計画についても一時に支配されないで、大いに力を尽くしてやらねばならぬ、ということは明らかである。

また菅原道真[17]なども藤原時平[18]の場当たりには及ばなかったが、これを全体として、デモクラシー判決では道真の上に置くのみならず、これをよしとするのは、公平なわれわれのデモクラシーである。この点から考えてみても、われわれのデモクラシーは歴然として存している。一時は支配しても正邪の観念をもって貫通するのであるから、都市計画においても、この観念をもって、この武士的精神の支配の下に改善されることを希望いたす。

都市計画の事業について一昨年の一月建白が出た。その建白は、工学博士の連中から出たことに建築家の方が多数であった。当時、内閣においては、議会を閉会せんとする時であったが、この必要を認めていたのであるから、その機会を利用して議会に提出して通過を見たのである。すなわち大正八年一月この建白の主人公たる者は、東京においては曾根工学博士[19]、大阪においては片岡工学博士[20]その他であった。

ちょっとこのことを申しておく。都市計画課が内務省に設置されたのは大正八年四月、都市研究会の成立は大正七年三月であり、私は大正八年に従来の関係から改めてその会長になったのであるが、今日ここに都市計画のことについて、過去に鑑《かんが》みはなはだ満足とするしだいである。

注

(1) 自然淘汰や適者生存など進化論的原則を踏まえ、生物、特に人間は、自己の生存を衛る(衛生)ために、集団をなし、社会をつくり、国家をつくって慣習や法制の下に相互に助け合うと後藤は主張する。

(2) 明治二十一年(一八八八)四月二十五日公布され翌年四月一日施行された市制・町村制のことで、国─府県─郡─市町村を通ずる官治的支配体制を指し、地方自治体は官治の補充として位置づけられてきた。

(3) 大正六年(一九一七)十月、内田嘉吉、池田宏、佐野利器らが都市研究会を発足させ、後藤を会長とした。都市計画についての研究と宣伝のため各地での講演を行い、月刊雑誌『都市公論』を発行した。

(4) 後藤は、官治が地方の自治の自律性を損なっていると考え、本来、自治は本能的なもので、自律的科学的なものでなくてはならないとし、自治団・自治連合団という公共の有機的組織体を構想した。

(5) 造物主とも。蘇東坡の赤壁の賦に「造物主の無尽蔵」と出てくる。宇宙の万物を造った者を意味する。

（6）六根とは、眼・耳・鼻・舌・身・意の感覚認識能力のことで、それらが、けがれを払って清らかであること。

（7）H・G・ウェルズ（一八六六―一九四六）が著したSF的未来小説で、現代の自動車社会を予言した。後藤はこの小説からヒントを得て、自動車社会の到来を確信し、市街の道路幅員や電力の利用、地下鉄などを構想した。

（8）にとべ・いなぞう（一八六二―一九三三）。岩手出身。農業経済学者。教育家。クエーカー教徒。一八九九年農学博士。一九〇一年、後藤に招かれて台湾総督府で糖業政策を推進。一九二〇年から七年間、国際連盟事務局次官。一高校長、東大教授を歴任。太平洋問題調査会理事長。著書に『武士道――日本の魂』など。

（9）一八三八年頃からコブデン・ブライトたちが穀物法廃止運動を推進し、自由貿易思想の普及に努めた人々の流派。

（10）後藤は市区改正計画（当時の都市計画の呼称）を進めるため、市区計画委員会を設置、家屋建築規制を発布。台北の場合、城壁は一部を残して撤去し、道路は幹線の幅員を八間―十間、枝道は五間、道路の両側に二間の歩道を作り、歩道と車道の間に、セメントと石で深さ一尺―二尺の開渠下水道を設け、さらに上水道、電力網をめぐらせた。上下水道は英人バルトンの設計による。

（11）満鉄の北端、ロシア側の寛城子駅は、日露の条約上、半分に分けることになっていたが、事実上それは不可能で、半分を金に見積り、ロシアから日本に支払われた。その金で日本は、満鉄北端に新停車場と付属する新市街地一五〇〇万坪をつくった。これが長春市である。ここに市区区画、道路、堤防、護岸、橋梁、溝渠、上下水、公園、市場、墓地、火葬場、便所、屠畜場、宅地など一切の雄大な市街経営を行った。

(12) 後藤が三菱から工学博士松田武一郎を引き抜き、経営させた東洋一の炭鉱である。それに付随した施設は、発電所、機械工場、水道、ガス設備、病院、新市街、社宅、学校など極めて近代的なものであった。

(13) ごだい・さいすけ（一八三六―八五）。友厚。明治時代の実業家。もと薩摩藩士。維新後、大阪を本拠に鉱山、製藍、鉄道などの事業を起こし、明治十一年、大阪商法会議所を設立。十四年、開拓使官有物払い下げ事件にも関わった。

(14) ふじた・でんざぶろう（一八四一―一九一二）。明治時代の実業家。山口県出身。維新後、大阪で軍靴製造、陸軍省用達商となり、西南戦争で巨利を得る。明治十二年、贋札事件で拘引されるが、後に冤罪と判明。十四年、藤田組を興し、小坂鉱山（秋田県）など経営。十八年、大阪商法会議所会頭。

(15) くすのき・まさしげ（?―一三三六）。鎌倉・南北朝時代の武将。河内国赤坂村（大阪府）の土豪。元弘元（一三三一）年後醍醐天皇の呼びかけに応じて挙兵。奇策で鎌倉幕府軍を苦しめる。建武政権下で摂津守、河内守。建武三＝延元元（一三三六）年、足利尊氏と摂津・湊川（兵庫県）で戦い、敗れて自刃。

(16) あしかが・たかうじ（一三〇五―五八）。室町幕府初代征夷大将軍。建武新政で功臣となるが、建武政権にそむき、天皇方に敗れ、一時九州に逃れるが、建武三年に楠木正成をやぶり入京、光明天皇（北朝）を擁立、建武式目を制定、室町幕府を開いた。

(17) すがわらの・みちざね（八四五―九〇三）。平安時代前期の学者、漢詩人、政治家。寛平六年（八九四）遣唐使廃止を建議。昌泰二（八九九）年、右大臣となるが、左大臣藤原時平の中傷で大宰権帥に左遷され、大宰府で没した。天神として信仰された。

（18）ふじわらの・ときひら（八七一―九〇九）。平安時代前期から中期の公卿。昌泰二（八九九）年、左大臣となり、四年、右大臣菅原道真を左遷して政権の座を確保。荘園整理令など醍醐期の延喜の治をすすめた。

（19）曾根達蔵（そね・たつぞう）（一八五二―一九三七）。昭和時代前期の建築家。江戸出身。工部大学（現東京大学）助教授をへて、明治二十三（一八九〇）年、三菱に入る。恩師コンドルをたすけて、丸の内のビル街を建設。日本造家学会（現日本建築学会）設立にかかわり、のち会長。

（20）片岡安《やすし》（一八七六―一九四六）。昭和時代前期の建築家。明治三十八（一九〇五）年辰野金吾と大阪に辰野片岡建築事務所を開く。大正六（一九一七）年、関西建築協会（現日本建築協会）を設立。昭和二十一年（一九四六）まで会長。大阪商工会議所会頭。石川県出身。

都市研究会と『都市公論』

「一枚の写真」というものがある。この「都市研究会の人々」の群像は、近代日本の都市計画・建築・住宅の歴史の一瞬を凝縮したような、まさにその「一枚」であろう。

『佐野博士追想録』（昭和三十二年、同編集委員会編刊）の口絵写真の説明には、「大正八年一二月二〇日、後藤男爵邸にて」とある。前列中央に座っているのが後藤新平で、寺内内閣の内務大臣・外務大臣を務めた後、第一次大戦後の欧米視察に出かけ、帰国した直後の時期である。

「都市研究会の人々」だが、前列左から、藤原俊雄（東京市議）・近藤虎五郎・桐島像一（三菱地所）・後藤新平・堀田貢・佐竹三吾・池田宏（内務省、初代都市計画課長）、後列左から、山田博愛・阿南常一（新聞記者）・内野仙一・佐野利器（東大教授、建築家）・渡辺銕蔵（東大法学部教授）・内田祥三（建築家、のち東大総長）・吉村哲三・笠原敏郎（建築家）、の諸氏である。

都市研究会は、一九一七（大正六）年、後藤新平を会長に、内務省官僚の池田宏を中心として、都市問題や都市計画に関心を持つ学者、ジャーナリスト、実業家によって結成された。メンバーには、写真に写っている人々のほか、関一（のちの大阪市長）、阪谷芳郎（のち東京市長)、建築家の片岡安などがいる。都市研究会の人々は、都市問題の調査研究、講演会など市民への啓蒙活動、専門家養成のための実務講習を行い、それらを雑誌『都市公論』に発表、関東大震災後の復興事業にあたっては、区画整理事業の広報活動に大きな役割を果たしている。

池田宏(一八八一年―一九三九年)は、京都帝大卒、一九〇五年内務省入省。一九一八(大正七)年、内務省大臣官房に都市計画課が創設されると、初代都市計画課長として都市計画法案を起草した。一九二〇年一二月、後藤東京市長のもとで東京市助役になり、『東京市政要綱』を立案。一九二二年東京市政調査会創立後、理事に就任。一九二三年、後藤総裁のもとで帝都復興院計画局長となり、復興計画を立案した。

なお、都市研究会が刊行した『都市公論』には、池田宏や佐野利器が健筆を振るい、後藤新平の講演記録の掲載なども多いが、その創刊号はいまだ発見されていない「幻の雑誌」だとのことである。

(春山明哲/早稲田大学台湾研究所客員上級研究員)

東京市政要綱

（一九二二年）

後藤新平

本稿は後藤市長が五月一三日〔大正十、一九二一年〕東京市会議員を日本工業倶楽部に招待し、その席上において演述したもの。いわゆる八億円計画を提唱したもので、ここに特に採録して会員諸君の公平な批判を乞うこととした。（都市公論記者）

第一　序論

去年の十二月、東京市長就職[1]以来、数えてみればはやすでに五カ月になんなんとする。この間、思いを市政の刷新に致し、現に文明国の首府として行うべき必要に迫られた事業の計画を確立して、その進捗を期し、もって市民諸君の期待に背かないようにと欲し、機会あるごとに市政の実績を検し、親しく市民諸君の意の在る所を聞くと共に、専門諸家の意見をも徹し、吏僚を督励して調査攻究してきた。ようやくおおよその市政の得失を詳《つまび》らかにすることができたので、ここに私は、将来、市民諸君と共に向おうとする大体の方針を案じたのである。

ところが、市政が振るうか否かは、特に東京に在っては独り市民の利害良否に大きな関係があるのみならず、その帝国の首府という特殊な地位を顧《かえり》みるときは、実に帝国の盛衰にもつながる所もあり、東京市政の要綱を決定するにあたっては、かりそめにもできず、当然、慎重審議を尽くして残りなきを期し、これを輿論に問い、これを政府に質し、もって結論に至るを誤らないようにすることを要するのは論をまたない。ここにおいて、私は過日、市参事会員諸君に対し「新事業及びその財政計画の綱要」(2)と題し、所信の一端を提唱し、その要旨は当時、印刷に付して諸君に呈示すると同時に、都下の新聞紙上にも公表したのである。

別に吏僚を神聖なる市会議事堂に招集して、市政に対する卑見を披瀝して吏僚の間に健全なる市役所気質を溢れさせ、忠誠をもって職にあたり、勇往をもって事に処し、処務が精確、適実であることを期した。そのうえ科学的執務の心掛けに導きたい希望を開陳しておいたのである。

おもうに特殊な地位を占めながら、普通一般の市と同一に律せられているために、ややもすれば沈滞を免れなかった東京市としては、一事を興すにもすでに容易な業ではない。ましてや、系統的に科学の基礎に立脚して新計画の組織を編制し、その実現を期そうとするのは難しい。私が、日本デモクラシーの中心として、また都市アウトノミーの中心として希望した所に反する憾《うら》みなきにしもあらず。果してそうであるならば、そのためには十分な準備を整え、非常の覚悟をもって事に臨まなければならないのは論をまたない。ところが市政の現状は、一日の滞りも許さないものがあるために、なるべく速やかに適当な実行案を得ようと欲し、首府の市政に関し、以前から市民諸君の代表として一日の長がある諸君の教えを請おうとして、ここに特に諸君の御来会を煩わせたしだいである。

今や容易ならざる場合に処し、諸君と共に互いに胸襟《きょうきん》をひらいて首府のために隔意のない意見の交換を遂げ、完全な成案を編制して、解決の機に入るきっかけをひらこうとするのは、私の衷心よりよろこびとし、かつ無上の光栄とする所である。ねがわくば叱正をおしまれないことを。

第二　新事業の概目

そもそも東京市の現状に照らし、その将来を考え、急速に実施することを要する事業を考えてみると、その数はすこぶる多い。しかし、中でもその解決の必要が迫っているものとしては、およそ左の一六要項を推さざるを得ない。

一、都市計画の設計に基く重要街路の新設及び拡築
二、重要街路の鋪装
三、重要街路を占用する工作物（地下埋設物及び路上建設物の類）の整理
四、糞尿及び塵芥類の処分

五、社会事業に関する各種の施設
六、教育機関の拡充
七、下水改良事業の完成
八、住宅地の経営
九、電気及びガス事業の改善
一〇、港湾の修築及び水運の改良
一一、河川の改修
一二、大小公園及び広場類の新設及び改設
一三、葬場等の新設
一四、市場及び屠場《とじょう》類の新設
一五、上水拡張事業の完成
一六、市庁舎・公会堂等の新営
これらの事業中にはもとより、

（二）単独に執行できるものが無きにしもあらずだが、多くは互いに相関連して、ほとんど一体不可分の関係を有し、相まって始めてよく市民の福利を増進することができ、もしいたずらに取捨を試みるようなことがあれば、互いに相殺して浪費がおのずからその間にきざし、事業の効率を十分に発揮することができないようになる。

(二) あるいは必ずしも市自ら設営しなくてもよいものも無いではないが、だからといって全く民間に任せることはできず、市としては進んでその助成補導に任じなければならないものがあり、またその市において進んで経営の任に当らなければならないものであっても、すでに相当の計画が確立したものがあって、一に主務省の認可をまちつつあるものもある。これを都下の現況に照らし合わせるに、今後、遅くとも一〇年、もしくは一五年を期して完成を図るのでなければ、東京市としては、遂に全く拾収できなくなってしまうだろう。ところがこれは少くとも七、八億の巨資を要する大事業であって、東京市の運命を支配する緊要の案件であるから、その選択及び緩急の区分等については、市民諸君の代表として、平素において最も準備に富んだ諸君の深い考慮にまたざるを得ない。

第三　財政の現況

東京市としては、このような急施の必要に迫られる巨大な事業を擁するにもかかわらず、この費用を支弁すべき財政能力は、現制度下においては、まことに貧弱であって、多く言うまでもないことは、すでに諸君が承知されている通りである。

おもうに（一）上述の事業の多くは、いわゆる都市計画の施設に属し、その費用は主として都市計画法の認める財源によって措置すべきものであるにもかかわらず、その余力はわずかに特別税（国税地租割、営業税割及び府税営業税割、雑種税割並びに家屋税割）において、年額二〇〇万円を存するに過ぎない。（二）遷都記念積立金（四〇万円）及び公園積立金（六五万円）のほか、（三）基本財産として河岸地（一七万四〇〇〇余坪）の外動産（二五万円）があるが、河岸地の収入は挙げて既定事業公債の償還財源に充当され、（四）現に普通市有地若干（一六万有余坪）を有し、これを処分するにおいては相当の額に達するのだが、これを所要事業費の総額に比べれば、誠に僅かであって、多く言うに足らない。また（五）築港・道路・下水等の事業を執行する場合、これより生ずる収入として土地建物額を挙げることができるが、これらは事業完成後において収入となるものであって、これまた事業公債一部の償還財源となるに止まり、有力な財源として特に認めるべきものがないという窮状に在る。されば現に特殊な好財源をもたない東京市として、まさにしなければならない最小限度の新事業を遂行しようと欲するならば、勢い市民としては非常の覚悟を要するのはもちろん、主として国家の助成をまつほかはないと信ずるが、諸君よりこれに対する名案を続々提議されんことを、私は最も切望する所である。

第四　本案の実行要件

要するに本案の成否は一に市当局の双肩に在るとはいえ、主として市民諸君の覚悟と政府当路の援助にまたざるを得ないという見地より、私は左の数項が完全に履行されるべきことをもって、本案の実行要件であると信ずる。

一　市として必行条件は左の如し

イ　自ら進んでできる限り行政及び財政の整理を断行して経理の適実を期すること。

ロ　事業計画の当否を案じ、財政計画の按排《あんばい》をなし、事業の適実正確を期し、かりそめにも政費の濫費を招くようなことをなくすため、衆知を網羅した市政調査機関を特設すること。

ハ　優良有能な吏員を養成して、大いに事務の刷新を図り、能率の増進に努めるため吏員養成所、師範練習所を置くこと。

二　市民として覚悟を要する事項は左の如し

イ　大いに自治公共の精神を涵養《かんよう》し、愛市心を旺盛にし、都市改良の事業は自ら経営するものであるとの観念をもってすること。
ロ　新税および特別受益負担および占用料等の賦課については、完全な理解をもってこれを分任すること。
ハ　市債発行の場合には進んで応募すること。

三　政府において満足させられたい事項は左の如し

イ　新事業に対しては、年々事業の進行に伴い最大限度の補助を為すこと。
ロ　市債に対しては特別の便宜を与え、進んで低利資金の供給を為すのはもちろん、本事業公債に限り、特に割増金付、または配当金付小額債券の発行を許可すること。
ハ　間地税および不動産移転税または土地時価税その他通行税等、適当な新税の徴収権を附与すること、もしくは地租及び営業税を委譲すること。
ニ　速やかに適当な市域を画して特別市制を施行し、二重行政(3)の弊を断つこと。
ホ　道路占用工作物に対しては占用料、一般官有地に対しては地租その他ハ号の新税および道路受益者特別負担金に相当する金額を交付すること。

ところで、これらの条件の必行を期するには、諸君との間に十分な了解を求め、諸君と同心一体となり、市民諸君の力を借りて猛進せざるを得ない。
ねがわくば、私の意の存する所を了せられ、遠慮のない意見を提議され、諸君の市長が誤らないようにされんことを。

注

（1）大正九（一九二〇）年十一月、東京市道路工事に関する疑獄事件が起こり、田尻稲次郎市長が引責辞職。市会に後藤を推す気運が高まり、さまざまな経過をへて、後藤は、十二月十七日東京市長に就職した。

（2）世間から八億円計画と称されたもので、当時の東京市予算が一億二、三千万円、中央政府予算が一五億円であったから、大風呂敷をひろげたと揶揄された。しかし、銀行王安田善次郎は、八億円ぐらいなら家産を傾けずとも、調達の道があると、援助の姿勢を示したが、大正十年九月二十八日、兇刃に倒れた。

（3）現在の東京都になったのは昭和十八（一九四三）年であって、それ以前は、東京府と東京市との二重行政であった。

東京自治会館

東京市長・後藤新平の事績は、「八億円計画」が名高い。他方で彼は市民教育にも熱心に取り組んだ。「帝国の縮図」東京市を「日本デモクラシーの中心」「都市アウトノミーの中心」とするのに、「市民の頭」すなわち「愛市心の育成」と「自治精神の涵養」が重要と考えたからである。

一九二〇年十二月、東京市長に就任した後藤は、年俸すべてを市に寄付すると公言した。これを呼び水に篤志家の寄附が集まり、「自治会館」なる施設が建設されればとの期待があった。二二年十月一日、後藤が設けた自治記念日（現在の都民の日）の日、上野公園内に東京自治会館がオープンする。総建坪一二〇〇、化粧レンガを施した近代的な二階建ての建物である。活動写真機を備える大講堂をはじめ、大広間、各種教室、陳列室を有する複合型施設であった。陳列室では市政の概容を示す常設展が、他の各室では講演、講習、映画会が開かれた。二三年からは、後藤が創始した東京市教員講習会（現在の教員研修）の会場となった。同年九月に大震災が起こると罹災者の避難、保護、慰安の救護活動センターとして機能した。また、同年から廉価で一般市民の貸館利用にも供された。

東京自治会館の事業で白眉をなしたのは二

四年に開始された市民講座である。一般市民を対象に人文・社会科学系教養と都市社会問

▲東京自治会館は平和記念東京博覧会のパビリオンとして1922年に建設された。(東北大学機関リポジトリのウェブサイト)

題に関わる時事を中心に講義が組まれ、講師には高名な学者が名を連ねた。例を挙げれば、「自治思想原理」を経験哲学の大島正徳が、「民衆娯楽」を権田保之助が、「住宅問題」を耐震工学の佐野利器が教授した。当時、この講座は、英国の「大学拡張運動」に匹敵すると評された。大正初めに盟友・新渡戸稲造と組み、信州ほか各地で試みた夏期大学の経験が東京市にあっては市民講座に結実する。

東京市長後藤の市民教育に向けた思いは、戦後公民館のプロトタイプ(原型)をつくりあげ、わが国の都市教育に一大革新をもたらした。この事実はさほど知られていないが、こんにちもっと評価されてよい事柄である。

(中島　純/新潟経営大学教授)

後藤邸の洋館とレーモンド

鶴見祐輔著・一海知義校訂『決定版　正伝後藤新平』の第七巻「東京市長時代」、第四章「対ヨッフェ交渉」中に「慈母の死」という記述がある。後藤の母利恵子は一九二三(大正一二)年二月二六日、九九歳の長寿をまっとうしたのだったが、折りしも後藤はこの母のために、洋館の起工を終え建築にとりかかっている頃であった。

麻布桜田町の邸宅の敷地に洋館を新築することになったのは、「生きているうちに一度、洋館というものに住んでみたい」という母の心を喜ばせて、みずから楽しもう、というのが一つの大きな理由だった、と鶴見祐輔は書いている。まず、母の居室を設計し、わずか二階建ての建物に自動式のエレベーターを設計したのも、歩行に不自由な母のためだった。その母が亡くなったのだからエレベーターは不要ではないかという周囲の勧めに対して、後藤は、母の在りし日を偲んでその教訓を想起するよすがにしたい、と言ってそのままエレベーターを作らせた、という風になっている。

さて、ご存知「建築探偵」の藤森照信工学院大学教授に「大正十二年、レーモンドが建てた麻布の家。」という一文がある(『東京人』二〇〇七年一〇月号)。アントニン・レーモンドは、例の帝国ホテルを建てたフランク・ロイド・ライトの弟子で、藤森教授によれば、レーモンドがライトのスタイルから離れ、建築家として独立しようとした困難な過渡期の最初の作品、なのだそうである。なお、このレーモンドを後藤に紹介したのは星薬科大学の創立者の星一だそうである。

▲レーモンド設計の後藤新平邸玄関
(『東京人』二〇〇七年一〇月号)

レーモンドの初期のプランはライト風だったが、実施案では脱出を試みていて、「自立の内的欲求が高まってきたからだろうが、あるいはそれを助けたのは後藤新平という存在だったかも知れない。」という興味深い仮説を教授は立てている。

レーモンドは過渡期をくぐり抜け、世界の初期モダニズムの前衛に躍り出て、日本においては前川國男、丹下健三、磯崎新、安藤忠雄という建築家の流れを作っていった。「日本の二十世紀建築の最大の人脈はレーモンドから発した」(藤森)のである。

後藤新平は、近代日本の都市計画史のみならず、建築史にもある情景を留めたことになる。藤森教授の記事に掲載された平面に「ライブラリー」とある個所が目を引く。読書家にして蔵書家であった後藤の「設計」によるものに違いない。

(**春山明哲**/早稲田大学台湾研究所客員上級研究員)

帝都復興の議

（一九二三年）

後藤新平

東京は帝国の首府であり、国家政治の中心、国民文化の根本である。したがって、その復興[1]は明らかに一都市の形態回復の問題ではなく、実に帝国の発展、国民生活改善の根基を形成することにある。されば、今次の震災は帝都を焦土と化し、その惨害は言うに忍びないものがあったのであるが、理想的帝都建設のため、真に絶好の機会である。この機に際し、よろしく一大英断をもって帝都建設の大策を確立し、その実現を期さなければならない。躊躇《ちゅうちょ》逡巡《しゅんじゅん》してこの好機を逸するならば、国家永遠の悔《くい》を遺《のこ》すに至るだろう。よって、ここに臨時帝都復興調査会を設け、帝都復興の最高政策を審議決定させようとする。

臨時帝都復興調査会の組織の大要は左の如し。

総裁　内閣総理大臣

委員

一　国務大臣

二　枢密院議長

三　内閣総理大臣もしくは国務大臣たる礼遇を賜わった者

四　国務大臣たりし者または親任官中より勅命《ちょくめい》せられたる者

五　学識経験ある者より勅命せられたる者

帝都復興の大方針を決定すること。すなわち
（イ）復興に関する特設官庁の新設
（ロ）復興に関する経費支弁の方法
（ハ）罹災地域における土地整理策等
これらの問題に関する腹案は左の如し。
〔1〕帝都復興の計画および執行の事務を掌《つかさど》らしめるため新たに独立の一機関を設けること。
その組織の大要は左の如し。
（イ）復興計画局
一　都市の復興計画に関する事務
二　都市計画法の施行に関する事務
（ロ）建築事務局
一　諸官庁舎の建築に関する事務
（ハ）建築監督局
一　建築物法の施行に関する事務
（ニ）土地整理局
一　震災地域の土地整理に関する事務

（ホ）救護局
一　罹災民に対する衣食救護に関する事務
二　家屋の建築ならびに供給に関する事務
（ヘ）財務局
一　帝都建設のために要する経費その他財務に関する事務
右のほか帝都復興計画調査会を設け、復興計画に関する当局の諮問機関とすること。その組織の大要は左の如し。
会長
委員
（一）関係各省官吏
（二）関係地方長官
（三）関係市長
（四）学識経験者
〔2〕帝都復興に要する経費は原則として国費を以って支弁すること。そしてこれに充当する財源は長期の内外債によること。
〔3〕罹災地域の土地は公債を発行して、この際これを買収し、以って土地の整理を実行

した上で必要に応じてさらに適当公平にその売却または貸付をすること。[2]

注

(1) 震災により首都の大半が灰燼に帰したとき、後藤は、「完全なる新式都市を造る絶好の機会」と考え、そのための都市計画を行い実現することを「復興」と表現し、そのためにまず「復興省」創設を提案したが、各省に反対され、「復興院」となって「復興」のための中心機関が実現した。しかし、彼の科学的芸術的帝都創建に反対する人々は、より規模の小さな「復旧」を望んでいた。

(2) これが復興計画の中心的な提案であり、罹災地域全体を買収し、そこに完全な新式都市地域を実現するつもりであったが、伊東巳代治などの土地所有者たちの猛烈な反対によって、この提案は挫折した。

復興小学校と小公園——佐野利器と後藤新平

人と人との出会い、縁というものはまことに不思議な性質を持っていて、時に歴史を作ることになるものらしい。建築家・佐野利器と後藤新平との出会いも、日本の近代都市計画史そのものを作ったと言えるのではないか。

後藤新平が十八歳の少年の頃、須賀川医学校の寮で同室だったのが佐野誠一郎である。鶴見祐輔の問い合わせに対して佐野は「[後藤]伯は容貌白皙端麗にして、精気溢るるばかり、申分なき美少年にして、毫も身辺を飾らず、と申すよりは、全くの無頓着にて」と書き送っている。米沢中学生だった十六歳の山口安平がこの佐野の養子となり、利器《としかた》という名を養父からもらう。佐野利器は仙台の二高から東京帝大建築学科に進み、辰野金吾教授から地震の講義を聞き、耐震構造研究のパイオニアになっていく。佐野が最初の現地調査を行ったのは、一九〇四年の台湾嘉義の大地震である。後藤民政長官は大陸経営の準備で台湾にはいなかったと佐野は述懐している。

「私は都市研究会というものを作って都市の研究をやって居た」と佐野は語っているが、この都市研究会が始まったのが大正六年一〇月のこと。この研究会の活動と都市計画法・市街地建築物法の立法を経て、佐野は後藤と終生「志」を同じうすることとなった。

後藤が東京市長となり、二部授業の解消のための小学校の増設、不燃建築物の経済性、児童の衛生関係について、都市計画の観点からの調査研究を市の顧問である佐野に託した。そして、関東大震災。後藤の要請で帝都復興院の理事・建築局長、ついで東京市の建築局長となった佐野は、後藤を先頭に区画整理事業に邁進する。この区画整理後の新しい「地区コミュニティ」の核となるべきものが小学校と小公園との隣接プランであった。小学校と公園のセットを「町づくり」の、生活と防災の拠点とする構想である。その境界の塀の高さは、子供からは見えないが大人からは見える、というデザイン上の工夫がなされている。

佐野は小学校を鉄筋コンクリート建築として不燃化を計るとともに、モダンなデザインにし、水洗便所など児童の衛生の向上にも配慮した。作法室を廃止し理科室を作る際には教育関係者との対立も恐れなかった。一一七校の「復興小学校」と隣接して作られた五二か所の小公園のうち、その姿を現在留めているのは旧元町小学校・元町公園(文京区本郷)のみだという。

(**春山明哲**/早稲田大学台湾研究所客員上級研究員)

＊参考文献　『佐野博士追想録』佐野博士追想録編集委員会編集・刊行、一九五七年。

同潤会アパート

関東大震災の直後、米国、英国、中国を中心に、世界中から多額の義捐金が日本に寄せられたが、このうちの一千万円を原資に、一九二四年財団法人同潤会が設立された。同潤会は住宅の供給を通じて罹災者の生活再建や不良住宅地区の改善を図るとともに、モダンで快適な住まいと都市における新しいコミュニティの創出という高い理想を目指した。大正一五年から昭和九年まで、青山、代官山（渋谷区）、清砂通り（江東区）など一六カ所に建てられた「同潤会アパート」は二七九八戸を数えたが、戦災や老朽化によりそのほとんどが姿を消した。歴史の中の存在になった同潤会アパートが我々に語りかけるものはなんだろうか。

第一次世界大戦後、欧米では社会政策と都市計画とを結びつけた近代的なデザインによる住宅建築の思潮が高まり、オランダ、オーストリア、イギリスで実験的な住宅団地が建設されていった。なかでも、ハワード、アンウィンによる田園都市の運動は有名である。同潤会の活動もこの流れの中にあり、アパート建設事業の計画・設計の中心を担った同会理事で建築家の内田祥三（東京帝大教授）と彼の門下生たちは、世界の最新情報を収集し、これを参考にしながら、区画整理された地区に近代住宅を建設していったという。

後藤新平は内務省衛生局の時代から社会政策の重要性に着目し、たびたび関連の制度構想を立案している。後藤が寺内内閣の内相・外相時代の一九一八（大正七）年六月、救済事業調査会が設立され、同年一一月には多様な手法を盛り込んだ住宅政策が答申された。そのひとつが国から市への低利資金融通策による市営住宅の建設である。東京市は早速市営住宅の建設に着手したが、一九二〇年市長に就任した後藤は鉄筋コンクリート造りによる市営住宅建設の拡大を図るとともに、「八億円計画」といわれた『東京市政要綱』にも住宅地の経営をその項目に盛り込んだ。東京の市営住宅建設事業は、この意味では同潤会アパートのプロトタイプとも言える。

▲建築してまもない青山同潤会アパート（朝日新聞社『朝日クロニクル 20世紀 第2巻』）

同潤会アパートを代表していたとも言える表参道の青山アパートはすでに解体され、その一部を復元したレプリカが歴史の跡を留めている。今なお残っているのは上野下アパート（台東区）のみである。戦後、公団住宅団地やマンションが大量に建設されたが、これらの住宅は将来どうなるのだろうか。同潤会アパートの歴史から学ぶべきものはまだまだありそうである。（**春山明哲**／早稲田大学台湾研究所客員上級研究員）

帝都復興とは何ぞや

（一九二四年）

後藤新平

本題は、前の東京市長後藤子爵が内務大臣であった時に、地方長官会議の席上で述べられた演説に基づき、その大要を抄録したものであります。今や震災後の東京は市民並びにほとんど全国民の一致の下に、新東京の建設を急ぎつつあるのでありますが、ややもすると帝都復興事業に対し見解を異にするようなことがあって、そのためにせっかくの復興意気が消沈するような場合がないではありません。ここにおいてか、震災後直ちに復興の局面を開き、その第一声として放たれた後藤子爵の見解を顧《かえり》み、その記憶を新たにすることは至極《しごく》必要かつ時機に適した問題であると考えるしだいであります。

そもそも、帝都の機能を速《すみ》やかに復活させるということは、輿論《よろん》の一致するところと思います。しかしながら、この震災後に善処する策として、単に震災前の旧態そのものに回復するだけに止めるか否かは、単に東京横浜という一都市の問題だけに止まらず、わが国の将来の禍福のわかれる重要な案件でありまして、したがってこの決定については極めて慎重な講究を必要とするのであります。またその実行については、全国民の非常な覚悟を要することと存じます。もしこれをただ原状の回復の程度に止めてよいものならば、問題ははなはだ簡単で容易なことでありましょうが、第一に帝都にあっては、震災前においてすら、都市計画事業に着手できなかったほどに、大都市として改善すべき幾多の障害に直面していたのは周知の事実であります。第二に今回大惨禍《さんか》のあとに顧みれば、この際一大英断をもって、相当の設備をなすのでなければ、帝都として機能を全うすることはできないと共に、また禍いを再びもたらすこともあろうと想い到れば、いたずらに因循《いんじゅん》姑息《こそく》な計画を墨守して、悔《くい》を百年の後にのこし、禍害を後世に伝えるべきものではないと考えます。

たとえ、いかなる困難が前途に横たわるにしても、あくまでもこれを排除して、当然、地図を考え帝都としての規模を考え、健全な帝都建設の業を大成する方途を立て、財力と周囲の事情とがゆるす範囲内において、着々その実現を期するのを理想とし、勇敢にその理想に到達する機運を促進しなければならないと信じます。

うやうやしく帝都復興に関する詔書[1]を拝しまするに「そもそも東京は帝国の首都にして政治経済の枢軸となり国民文化の源泉となりて民衆一致の瞻仰《せんげい》する〔仰ぎ見る〕所なり。一朝不慮の災害に罹《かか》りて、今やその旧形を留めずといえども、依然として我国都たるの地位を失わず。これを以って、その善後策は独り旧態を回復するに止まらず、進んで将来の発展を図り、以って巷衢《こうく》〔ちまた〕の面目を新《あらた》にせざるべからず」と仰せられてあります。

ゆえに、帝都復興の局に当たる者であると否とを問わず、国民は等しく謹《つつし》んで聖旨《せいし》を奉戴《ほうたい》してこの任にいささかの失策もないことを期し、それによって禍害のあとを断つと共に、皇国の基《もとい》を固めなければならないのであります。

帝都復興その事は、ただ形式の復興に止まらず、また国民精神の復興を必要といたします。のみならず、帝都の復興は、帝国の復興と相関《あい》連いたします。ゆえに帝国の政治文化経済の中心としての帝都の復興は、帝国の政治、帝国の文化、帝国の経済の復興の力にまたなければならないのであります。

互いに原因となり結果となり、相より相助けて、その大成を期さねばならないのであります。

今日帝都たるべき都市は、内外に対してその必要とその面目とを保たしめなければならないので、いわば帝都の復興は国民の面目に懸《かか》る、と申してよろしいほどの大事業であろうと思います。

今回の大災害は世界に多大な震動を与えると共に、世界の同情は一致して帝国に集まったのであるから、その復興は世界各国に、やがてわが国民性とわが国民の実力とを判定させることになるであろう。一層重要な意義を含むものであることを忘れてはならないのであります。

このように政治上、自ずから単なる一首府の興廃に関する問題として取扱うことのできない、帝都の復興を図ることについて、中央の施設のみに偏《かたよ》って地方を疲弊させるものであるとする論者も無きにしもあらずだが、これは思いがいたらないのもはなはだしいのである。今回の惨害はたとえ帝都を含む関東一部の地域に局限するに止まるにせよ、必ずやその影響する所は容易ならぬ事態を醸《かも》し、直接間接に広く全国一般に波及し、わが国の産業上およびそして金融上に与える影響はすこぶる痛烈にして深刻なものがあることを、識者は体験したことでしょう。健全な帝都復興の基礎を定めることをもって急務とし、かつこれが実現を期するをもって、今日、全国の福利増進のために施設するわけであると、了解したことでしょう。

現代において国家は一つの有機体であると考える者は、その有機体の生活の基要部に疾患があれば、ただちに全身にその疾患を及ぼし、その不健全な基要部は、永くその不健全な状態を継続させる原因となると了解されるであろうと思います。帝都は帝国における政治経済文化の中枢であって、単なる消費の中心ではないのであります。否、これより国内に渉《わた》って到る所に分派すべき、一大勢力の根底であるその基幹を構成するがゆえに、その復興案の骨子は、東京に帝都としての基幹を具有させるために相当な設備をなすことです。商工業の中枢地域を設定し、水陸の連絡を便利にし、帝都の面目上保安衛生経済教化等に関し、その安寧を永久に維持し、その福利を増進する重要計画の進捗《しんちょく》を計ることにあると考えます。このことはすなわち全国に関係を有し、全国はその利害を同じくしなければならないのであります。どこまでもわれわれは有機体の中に生存することを忘れてはならないと思います。

ところが世間は往々にして地方の財力を搾《しぼ》って帝都に注ぐことはよくないと言う。これはもとより同感であります。しかし、今日の帝都復興は、決して昔日《せきじつ》の大名のお城普請《ぶしん》のように、地方の財力を搾って中央に注ぐものでないことは、以上述べた諸点に照らして、諸君はすでに了解されたことと信じます。現在において、この帝都が焦土と帰したために、九州より北海道に到るまで、甚大な経済上の障害を被《こうむ》っていることを知りながら、なおかつ帝都復興を急務として大きな力を注ぐのは、地方の衰弱をきたすゆえんであると、迷夢のいまだ醒《さ》めない者も少なくないのであります。

現に帝都復興事業はいまだその端緒《たんちょ》につかず、ただ復旧に止まっていて、その復旧もまだ完成しないにもかかわらず、そのために利益を得るものはどこであるかといえば、名古屋、大阪、神戸がその大なるものである。このことに鑑《かんが》みても、その利害の関係するところ、甚だ広く、また名古屋、大阪、神戸が専有するものではなく、さらに各地方共にその利益を享有することができるのである。その利益を享有できないものは、怠慢のためであると申してもよろしいと信ずるのであります。かように密接な利害関係を有すると共に、現在の痛苦が波及するように、また将来復旧すべき幸福が波及するのを察するのは難しくないのであります。

このたびの惨害につき、世界から非常な同情を受けたことは、すなわち世界が日本国民に向って、日本国民生活の中心に向って、大きな信愛と尊敬と同情と熱誠との限りを尽くしてくれていることを、知るのに難しくないのであります。そしてその惨禍のあとの復興計画たるや、ただ復旧に止まって、ある一部の「リコンストラクション」にも至らず、ましてや日本帝国の心的ならびに物的な「ルネサンス」という最後の機運を開発できる力が無いならば、日本帝国の面目はどうなるかも考えねばならない。のみならず、このことは、すなわち東洋における帝国の権威を上下する原因となることを考えねばならない。もし今回の震災を岐阜愛知の震災と同一視する者があれば、その根本において誤るものであることは言をまたないのであります。否、これを一地方の震災として、その復旧はこれを自治の力に任せてよいということでありますならば、何を苦しんで復興の大事業を計画いたしましょう。

ただ救護に努めるだけで、後は自然の発達に任せてよいものでありますならば、三十年、五十年もしくは百年の後に、東京の復旧を期してもよろしいのであります。日本帝国の国民生活の中心、政治経済文化の中心である帝都を、そのような不健全な状態に放置して、列国競争の間に立ち、われわれ国民の一団の有機体の生活の基要部が、貧弱であってその機能を全うすることができないことが、数十年あるいは百年にわたるとすれば、その利害は果してどうか。このことについて、その正しい判定を一般世人に望むしだいであります。

注

(1) 大正十二(一九二三)年九月十二日に出された大詔で、東京が「我国都タルノ地位」にあり、「旧態ヲ回復スルニ止マラズ進ンデ将来ノ発展ヲ図リ」と復興を明示、「速ニ特殊ノ機関ヲ設定」すべきことを示されたのである。

復興の過去、現在および将来（一九二四年）

後藤新平

山本首相の大決心

ご承知のとおり、私は帝都復興院の創立者と言われていますが、とにかく復興院に関係し、その後辞した者です。それらの関係は、ここでは何ら申し述べませぬ。ただ私は、かねて市民諸君と密接な関係をもっていました。「市民と共に、市民のために」ということは、私の胸中を離れないと申していたのは、諸君のご記憶にあると思います。これが震災の時に当たって、自らこれに当たるよりほかはない、と私を決心させたのです。

帝都復興事業がどれだけ難事であるかは、私は充分承知している。しかし、東京市民と共に、市民のためにこの難事を解決することについては、何も躊躇は要らぬと私は思ったのです。もちろん、これに対してはさまざまな障害があること、困難があることは明らかなことです。そのためには、自分一個の考えばかりでなく、さまざまな方面の専門家を総合して、審議、諮詢《しじゅん》を遂げる方法を講じたのです。都市研究会その他各種の学会などの建議書もみな提出され尽くしているのであります。すでにこの建議書を出した人は何ら自分一個のために、自分自身を利せんとした人は一人もないのです。

あるいは、われに一票を投じさせよと、巧みに議論したものは一人もない。みな誠意誠心の溢《あふ》れから、学術の効果を市民に捧げんとする忠実な犠牲心に出でたことを私は断言して憚《はばか》らない。さまざまな困難について考えました。考えましたが、ただ考えの外に起こった非常な出来事によって、人間の智恵というものは落ち度のあるものだということを、今日、告白せざるを得ない問題がある。諸君は知っているというだろうが、これを私は一言せざるを得ない。それはこの臨時議会の時になぜ解散して、一千百万坪を台風一過で何ものも掴《つか》まずに無くしてしまっては、いかにも私は市民のために、市民と共になす施策の核心を失ってしまう。このことに対しては、たとえいかなる面倒があろうとも、灰燼の一握りだけでも良い所を掴んで、後日の計画を定める資料としなければならないとする考えが、時の総理大臣山本伯爵[1]の容れる所となった。あの解散をなすべしという時に、いかにも勇気がないと責められたのであるが、山本伯は立派にお辞儀をし、この復興計画の基礎を立てたのです。これすなわち市民のために市民と共にという意義を、あの度量の広い山本総理大臣が容れられて、今日やや不安の中にも安緒《あんど》を得たのです。

　ところがそれまでに周到に考えていたにもかかわらず、一事の誤算を生じた。これが今日この頃の有様である。すなわち目前に総選挙をひかえた今日、復興計画の中の唯一の都市計画の精神である区画整理[2]は、すこぶる有益な点において、世界各国通用の現代式であることは、識者の間に少しも疑いをはさまない方法であるにもかかわらず、非難の的となった。理解のない人を煽動して、東京市民、否日本国民の面目と実利を損じ、この大局を誤ろうとする時期に遭遇するとは少しも考えていなかったのです。これはすなわち、来たるべき臨時議会に対して大いに考慮すべきことである。また今回の総選挙に際して、土地区画整理が利用されて、悪辣な手段にかかって、今日二百十七万の市民の子孫を、将来ひどく苦しませ、同時に世界に向けてわが国の面目を失わせようとするとは、私は一切予想だにしなかったのです。

今日東京市名流の諸君がここにお集まりになって、貴重な時間を割いてこの問題をご研究なさろうとするのは、どれほどの幸いであろうか。何という真面目なことでしょうか。中には政談演説の、われに一票を与えよという演説会と同一視して、「ノウノウ」、「ヒヤヒヤ」という野次も二三見えますが、これらは別にご懸念にならないでもよいのです。もし誠意あるご質問であれば、ここにお出でになってお話しになるべきです。ただ反対せんがために反対するその行動はまことに卑しむべきものである。もしそうではなくて、市民と共に市民のために誠意あることから出たならば、私はただ今申した言を取り消して、いかにも慎重な敬意を払うに吝《やぶさ》かでないのです。満場の諸君もおそらくそのように考えられるだろうと思う。

そもそも講演会というものは政談演説会と違って、これが善か悪か、正か邪かという問題を互いに攻究することがその本旨である。政談演説は、できもしない道路を造るとか、架けもしない鉄道を架けるとか言って、そうして説き去り説き来って、ついにはわれに一票を与えよということになる。今の講演会はこういうこととは全く違うのであって、党派的偏見を避け、不偏不党に出て、さらに無党派連盟(3)の精神を有するものである。

内閣親任の二要件

私は復興の過去および将来について諸君に一言せんとするのであります。もちろん現在を含んで申し上げるのです。最初、私は復興事業については自分で当たるよりほかないと決心しました。私に直接させるようにしたものは東京市民の後援であると思っております。さきに東京市長であったのはわずかな間でありますが、東京市民諸君のご厚意をいただきました以上、これに報いる途《みち》をとらざるを得ないと私に決心させたのです。この大震災に当たって、努力のいかんにかかわらず、東京市民の後援を得たならば、いかなる難事であっても成し遂げ得ると考えたのです。私は内務大臣になることを八月二十八日に約束していたのではありません。ただ、あの震災が私に内務大臣になるようにしたのです。震災後の九月四日の晩に起稿し、翌日浄書して六日の閣議に提出したのは次の二カ条であります。

一、帝都復興に要する経費は原則として国費を以て支払うこと、そしてこれに充当する財源は長期の内外債によること。

二、罹災地域の土地は公債を発行して買収し、それによって土地の整理を実行した上で、必要に応じてさらに適宜公平にその土地を売却、または貸付《かしつけ》をすること。

その経過は詳しく申し述べませんが、もし、これらを実行したならば、いかに今日より容易にできたかは、私はなお思い半ばに過ぎるものがあります。しかし、もはや死んだ子の年数えです。これにはさまざまな事情があって、こういうことは決定されなかった。当時、第一項は決定された。第二項は、なお攻究を要するということになり、これが段々研究されて、ついに今日の経過に相成ったのです。この経過については佐野博士(4)が述べられたようなこともあった。その経過の中には、全国の聡明の結晶体であり、元老であると尊敬されている人々で組織した復興審議会の有様は諸君もご承知の通りである。この審議会員の中にはロンドンの英蘭銀行という世界第一の銀行の左の道幅は三間、右の道幅は五間である。東京の道幅をこんなに広くする必要があるか、復旧が第一だという議論までも起こったのであります。ただ今この議論に賛成の方がありますか。この中でご賛成の方があったならばその理由を聞きたいと思います。

ロンドン大火の時はまだ都市計画という専門の考究のない時であります。それゆえ、ロンドン大火後において、クリストファー・レン(5)のような卓見があったにもかかわらず、ロンドンの再建に失策をして、今日に至るまで世界の都市計画の起る度毎に失敗の手本として引用され、失敗の前例はロンドンにあるということを引合いに出される不名誉をもっている。

諸君、第二の引合いとして将来、東京市も出したいというご希望の方がここにおられますか。ロンドンの大火と今日とは時代も違う。今日は都市計画を専門的に研究すべきものとなった時代でありますから、もはや昔のロンドンがクリストファー・レンの計画を容れずして失敗したような時代ではないのです。ロンドンを引証するような閑散な議論を許さないまでに進歩した現代であります。いかに時勢遅れの骨董《こっとう》が今日必要であるとしても、この火災によって焼けたからなお骨董は必要だと仰いますか。この骨董論をもって、復興事業の可否を論ずることは、いかにも不真面目なことで、ただ政策とか、政略によってこのような議論に及んだ時は別ですが、とにかく真面目に研究することにしたいものだと考えています。

そこで過去はこのようであったが、今から考えてみると、誰でもがなぜそれをしなかったかとか、そう思っていたと言う人もあります。思っていても役に立たない。また書いていても役に立たないのであります。役に立つのはただ実行そのものである。実行することについては、どうしてもこの東京市民たる名流の協力によらねばならぬのであって、ただ一時の「ノウノウ」、「ヒヤヒヤ」でやるだけとは違います。選挙が決する間だけ勝手なことを宣伝して釣っておいて、三カ月も経ってから後、「あの話は」と言えば「イヤご免だ」と逃げてそれきりになる。この東京復興のことは勝負を一時に決することではありません。私は生意気なことを言うようですが、反対者は何と言うか知りませんが、反対せんがために反対するのであって、その場かぎりの場当りを演じて目前の横紙破りに幻惑させる手段にすぎません。私は私の言うことが日一日と勝ちを制してきて、そして実行の利益を永遠に期することを主張しているつもりです。その意義については諸君もご考究くだされて、後藤の言はどんな価値があるか、どこに欠点があるか、欠点を補ってやるというお考えになることを希望します。

刹那主義の反対論

これは無理な願いのようですが、無理でない。なぜかというと、あれはいかん、これはいかんという欠点を本当に挙げたものもなければ、欠点を修正することを言って来たものもない。この案は廃案としてこのようにするという新案もないのです。諸君、四百何十名の選良を集めた帝国唯一の神聖な帝国議会は、この提案に対していかなる修正をしたかというと、造った復興案の所々を破壊しただけであって、外には一歩も出ていないということは、諸君がご覧になっても解るだろうと思います。

ただ、反対せんがために反対するのに苦しんだ跡がいつまでも残って、市民を苦しめるだけです。非常な苦労をして、よりよい修正案は出し得ず、かえって事業の渋滞と経費の増加の原因をつくっただけにすぎない。外から見ると、七億が六億となって、議会で五億円になった。この五億円、六億円は、約束手形を書いたものから見ればいかにも心細いことである。いかにも面目を保ちたいと思って反対せんがために反対し、復興ではない、復旧でよいと言っている。新聞に書いてありますから、その名は判っておりますが、しかし、今日その反対の理由を承りたいと言ったならば、言えますか、恐らく言えますまい。あれはあのときの話でネ？　と言うくらいのものでしょう。

あの時の話をもう一ぺん繰り返すだけの、誠意ある真面目な反対を聞きたいものだと考えている。それこそ、私が復興院に居る間の精神であり、現在の復興局[6]に対しても同一の精神である。そもそも自治体の仕事とは力の争いではない。自治体の行政は奉仕なり、義務を尽くすことにある。その本体は双方の了解である。了解が自治の守り本尊であるのは、東京市各区に対して不敏ながら特に申し述べたところです。さればこの了承ができて、そしてこの重大事業を全うすることにおいては、東京市民の名誉を全うし、福利を増進し、将来の一大運命を開くことになるのです。このように申し述べれば、過去・現在および将来にわたることは、私の口べたで言うよりも、諸君が頭の中で自問自答なされたならば、よくお解りになることで、余り細かく割いて申し述べることは諸君に対して敬意を失するゆえんと考えられます。

しかし、諸君はこの門外に出て、人を相手としてご指導くださる方々ですから、ご伝言の便宜のために私は一、二申し述べてみたいということで、また少し時間をくださることを希望するのです。

大阪市に比較して

小学校を造る云々を、佐野博士が言われた。もし仮に種々の誤解や苦情のために、この区画整理を躊躇《ちゅうちょ》し、そして十分な道路計画もできないでいたら、その学校の建築ができた後にどうなるでしょうか。子供はますます危険な道路を通らなければならない。そうしてその学校に投じた金は、段々値打ちを失っていくことはお解りになるだろうと思う。果ては学校を壊してどこか便利な所に建てなければならないことになるかも知れません。あるいは道路も改良しなければならないことになるでしょう。この損害はどれだけかと考えたならば、もし学校を他に移転させることになれば、これは、はなはだ難事であると思います。このように街路すなわち道路はいかに大切であるかは明らかなことです。とにかくわれわれは過ちを再びしないようにしたい。九月六日、閣議にはかった前の二項が仮にかく決定して十月までに臨時議会を開くとすれば、七朱や八朱以上の利息の公債などを募らないで、低利ですぐ借りることができたのは、火を見るよりも明らかである。躊躇に躊躇を重ねているうちに、高利公債もやむを得ないことになってしまった。外国人には東京市民の真相が解らず、段々東京市民を買い落としてきて、とても復興などということを理解できる市民ではないだろう、そうして復旧が第一だなどと言う、区画整理の利害もわからぬ政治家が跋扈《ばっこ》している間は到底見込みがないから、植民地に貸すような金でなければ貸せない、ということになってきたのは、まず自ら招いたと言ってもよい。このような災いを再びしないように協力したいというわれわれの願いは無理でしょうか。どうか過ちを再びしたくない。諸君の御協力によってどうか新しくしたいのであって、復興事業は難事であるが難事でないようにしていきたい。

なぜかというと、区画整理そのものは有名なアディケス法(7)でも、世界中どこでも疑いのないものである。しかしながら、そんな世界などといってみんなが行って見られないようなことを言うのは、ある坊主が極楽を説いて人を引っ張り込むようなもので、お前もその手ではないかと言うのでしょうが、こういう難しいものではありません。

これは大阪に行くとすぐ判ることである。大阪にも同じ問題があって、大阪の自治体は実に進歩している。進歩しているが、この利欲の関係にはチョット釣られると間違います。狐は利口なようであるが、油揚げに釣られて命までも失うことがあります。ところで、大阪の人は算盤《そろばん》高く、心斎橋通りを拡げることには反対だといった。大阪の市長は、根性が悪いと言っては言葉が悪いかも知れませんが、別案を出した。堺筋に大きな道路を造ってしまったから、心斎橋通りは地価が下がって、堺筋の地価が上がったことはご承知の通りです。そしてその便不便いかんはと考えますと、区画整理をすることにかれこれ言う人は、まず算盤を知らない人のことである。それで東京市民を動物と見れば利口のようだが、狐くらいのものであるから、油揚げで釣りさえすればよいというので、狐の扱いをする者が出てきて、油揚げを見せておいて、最後に、われに一票を投ぜよということであったなら、これは埒《らち》もないことと思う。

このように復興という百年の計画、千年の計画という重大事件に対しては、ことに真面目に攻究しなければならない。現代流に利害をもたなければ、こういうことをしないで、知らぬ顔をして高く止まって、私は復興院のことにも力を致したいと思っているが、後任の諸君がご尽力くだされて実に喜んでおります、と言っておればよい。余計なことを言って憎まれないでよいのであるが、これはやむを得ない。私は自惚《うぬぼ》れか知らないが、東京市民の後援がある。東京市民と共に、東京市民のためにということの契《ちぎ》りは、いかなる人間が出て来ても、これは春日大明神、熊野大権現の前で誓ったので、動かすことができないと思っております。これに対して相当の義務を払う必要がある。そうして足らないところは、諸君から補充してもらってその目的を達したいと思います。

江戸っ子気質の発揮

区画整理は困難だから止めよう、迷惑だから止めようという不甲斐《ふがい》ない江戸っ子はありますまい。近頃の江戸っ子は段々悪くなったということであるが、私が田舎から出て来て申し上げるのは不都合ではありましょうが、難事を開いて幸福にする勇気がない。何か難事があればそれにつけ込《こ》んで一割取ることばかりで、すなわち東京市民というものは何事も為し得ないと言う人があります。これは悪口でありましょう。しかしもともと、悪い物を悪く言うのは正直である。良いものを悪いと言うのが悪口である。東京市民がこの難事を押してやれるものを、そう言ったならば悪口でしょう。しかし、面倒だから止めてもらいたいと言う者が多数ならば悪口でないと思います。この点についても十分ご考慮くださるように願いたい。

それで今日、何のために各学会がこのように多数協力してやるかをお考えくださったならば、後藤一人の言うことよりはまだ背景がある、ということでご信用くださってよろしかろうと思います。とにかく、この現代の科学生活について力を致し、自治体に貢献しようとする犠牲心に対して、紳士諸君が力を合わせて、また充分にご尽力くださることになりましたならば、今日これに対する反対の声は必ずしも敵ではないと私は思う。善い道に入る導きになる。また今日の人が、何か際物師《きわものし》がこういう風に場当たりを言うのであると言っているが、私はそうばかりは考えない。やはり誠意誠心に出でて、とにかく、こうしたいからといって具体的に何も事ができないから、先ずケチだけを付けて見ようということくらいです。これも完全な方法がないから、復旧でよいと言うのであるが、復旧してから復興するがよいと言う阿房《あほう》なことは、今日言う者はなかろうと思います。この問題に対して復旧でよいと言う人があるならば、一日公開して東京市民に言われるがよいと思う。復興事業に対してどこが悪い、そこが悪いと言う方はありましょう。これは十分に尽くしてやられるがよい。われわれは復興でなければならないという本意を定めているのです。けれども復旧でよいという意見があったならば、それは結構だろうと思います。ただしその意見は現代に適さないということを、ここに申し上げて置きたい。

文明のバロメーター

日本において現在、自動車が何台に増えましたか。震災後一万になりました。震災前、東京の運輸機関は、二十万位あります。これは自転車も運輸機関の中に数えてあります。馬力もみな数えて二十万、これが道路でどのような妨げを受けているかを計算して見ますと、この計算の基礎はここではお話ししませんが、なるほどその計算を今日からやって見るのもよいが、道路についてどういう計算をしているかというと、一年に少なくとも、一千五百万円損をしている。一千五百万円という金は、今度の外債の利息の割合にしても、二億円の元金が借りられるのであります。街路が改良されずに元のままでいたなら、毎年その損金を増やしていくのは非常に残念なことです。かくして、街路の改良、街路の修繕をやろうということは、いかに価値があるかは判ります。さらにまた今日刻々に迫って来るものは何かと申しますと、種々のことがあるが、一つまだ諸君が知らないものについて挙げてみたい。

最近、私がやっておった南満洲鉄道が、撫順《ぶじゅん》でオイル・シェール(8)を発見した。オイル・シェール、これは石炭の中に油を含んでおって、それを乾燥してタールを取ります。これからガソリンをつくると非常に安くすることができる。しかし、一昨年以来、私が広東におけるオイル・シェールを岸博士(9)に研究してもらったが、非常に良いオイル・シェールである。ガソリンの値段は四十リットル八円が、近頃九円となったが、もしオイル・シェールを採収すると九円が六円ですむ。六円になったならば、今の一万台の自動車は一万五千台で止まりましょうか、直ちに三万台に上るようになろうと思いますが、これは諸君の判断に委せます。何にしても近い将来において、東京に十万台の自動車ができるのでなければ、東京市の復興の価値はなく、また東京市民は東京に住むだけの価値なしということは、諸君も了解されることと思う。そうすると、例えば工業倶楽部《クラブ》の二階から見ると、向うに行く自動車が六十、七十と行列をなしている。こちらから来る自動車も六十、七十と行列をなして、一の字を描いたように動かないものとなる。よほどの速力でやらなければ、日比谷まで行くには歩いた方がよいということになる。

この例は殷鑑《いんかん》遠からず(10)、ニューヨークにある。ニューヨークに行ってブロードウエーを歩いたならば、みな体験しています。近頃、世の中が変って自動車で行くよりは足で歩いた方が早いと言ってくる人があります。

東京が二十世紀の大難に遭遇して、二十世紀相当の計画をなすことができず、今から百年、二百年の前に失敗した英国の跡を踏んで、失敗の例に引かれる都市として、東京を第二に位置させようか、あるいは第一に位置させようか、と努力する諸君は、われわれ東京市民のために罪であると共に、日本国家のためにははなはだ罪悪であると考えるのです。この点はガソリンが安くなればもちろんのこと、安くならなくても、私のような老人の目玉の黒いうちにそれが迫って来ますということを、洗面器のような大きな印を捺して保証しておく。またそういう時代が迫ってくるのに安閑として私は七面鳥のような顔をして青くなったり、赤くなったりして、ここに出て大声で疾呼しないでもよろしいなどと言っていられますか。

己れは政治には関係なく、選挙には関係しないからと言って、平気でいられますか。各々少しずつ義務を尽くしてくださらなければ。その義務を尽くしてくださるようならば、誤解もなくなってきます。かの一票を得るために言う者は別として、この市民をそのような誘惑に陥らせないだけのことを尽くしてやるのは、紳士諸君の義務であると思います。かように考えて私はできるだけのことは尽くして、この二百十七万市民のために、それらの人と共にやろうという考えであります。

注

（1）山本権兵衛《やまもとごんべえ》（一八五二—一九三三）。海軍軍人、政治家。鹿児島出身。明治二十六（一八九三）年海軍を陸軍から独立させた。日清戦争当時は海軍省軍務局長、その後海軍次官を経て、第二次山県内閣の海相に就任、立憲政友会の四次伊藤内閣でも留任された。大正二（一九一三）年内閣を組織するがシーメンス事件で総辞職。大正十二年内閣を組織、後藤を内相兼復興院総裁として関東大震災の前後処置に当ったが、虎ノ門事件で総辞職。

（2）土地を換地して道路や公園など公共施設の用地を生み出し、地区全体の環境を整備していく方法。関東大震災のとき、後藤が考えたのは、罹災地域全体を都市計画によって整理し新式都市部を造り出すことであった。

（3）この場合は、党派にとらわれないというほどの意味だが、元来は、米国北ダコタの農民が州政府を制御するために一九一五年に組織したＮＰＬ（NonpartisanLeague）からきた名称であって、後藤はＮＰＬの活動に注目していた。

（4）佐《さ》野《の》利器《としかた》（一八八〇―一九五六）。建築家。山形出身。東大で辰野金吾に学ぶ。ドイツ留学後、東大教授。耐震構造の世界的先駆者。後藤が東京市長のとき市政調査会メンバー。関東大震災後、復興院建築局長。都市計画の普及に尽力。東大退官後、清水組副社長。

（5）クリストファー・レン（一六三二―一七二三）英国最大の建築家。一六六六年のロンドン大火に際会し、全罹災地域にバロック的な都市計画で再建する案をまとめたが、この計画は地主の反対にあって実現されなかった。その後、一六六九年、建設総監となり、セント・ポール大聖堂など、五一の教区教会堂再建の責任者となった。その抑制の効いたバロック建築は、後世の英国建築の範とされた。

（6）虎ノ門事件で山本内閣が総辞職し、後藤が内相・復興院総裁を辞任したのち、復興院は復興局に格下げとなった。

（7）ドイツで土地区画整理の考え方が発達し、その方法の創成者アディケスの名を体したもの。日本には明治末にもたらされた。

（8）石油を含有する水成岩で、石炭層の上を覆う。

（9）岸一太《きしかずた》（一八七五―一九三七）。耳鼻咽喉科の医学博士。東京築地に開業した後、台湾に赴き後藤と親交を深めた。後藤の満鉄時代は大連病院長を務める。明治四十一年（一九〇八）後藤の訪ロに随行。第一次大戦中は航空機製作に携わる。後藤の東京市長時代は市嘱託、関東大震災後は復興院技監であった。

（10）『詩経』大雅より。殷の国民は前代の夏が滅亡したことを鑑《かがみ》として戒めよの意。失敗の先例は遠い古代に求めなくても眼の前にあるということ。

隅田川の復興橋梁と太田圓三

関東大震災後の帝都復興計画において、後藤新平を総裁とする帝都復興院の計画局長・池田宏、建築局長・佐野利器、経理局長・十河信二の名は比較的知られている。しかし、土木局長の太田圓三はどうだろうか。太田は後藤人脈に属していたわけではないが、後藤の帝都復興の理念を後世への遺産として具体化する上で、大きな役割を果たしている。

鉄道省にいた太田の技量を後藤は承知していたが、土木局長への登用を強力に推したのは十河であった。十河は上越線工事で太田が発揮した発想力と実行力を高く評価し、太田を局長にしないのなら自分も辞める、と後藤に迫ってこの人事を実現させたという。後藤の人材登用の面白さがここにも現われている。

帝都復興計画の大きな論争点のひとつは区画整理の手法を使うかどうかであった。池田は収用による幹線道路中心の整備を主張し、佐野や太田は区画整理による全面的な市街地改良を主張し、激論の末区画整理の方針となった。しかし、政友会は区画整理予算の削減、復興院事務費の削除等を行った。虎ノ門事件による山本内閣の総辞職により後藤は内相・総裁を辞し、復興院は内務省外局の復興局に縮小され、池田と佐野も復興局を去った。

復興局の土木部長となった太田は区画整理

こそ復興事業の根幹と考え、政友会の幹部を根気よく説得して回り、大正十三年六月の議会で一億五〇〇〇万円の追加予算を認めさせたのである。太田は、日本の文明開化が実質の伴わない表面的な物質文明であり、上滑りの文化だったことが地震の大被害を招いたと考え、東京の根本的な改造を目指したのだという。

太田はまた都市の美と芸術性を重視した。

▲右上から時計回りに相生、永代、清洲、蔵前、駒形、言問橋（絵葉書「大東京の十六大橋」）

その思想の表れが橋梁課長・田中豊（のち東京帝大教授）とその部下を率いて太田が手掛けた「隅田川六大橋」すなわち相生、永代、清洲、蔵前、駒形、言問の六橋の設計施工である。「橋の博物館」と言われる多様な橋のデザインは、日本独自の文化を創造しようとした太田の志向から生れたという。

復興事業には採用されなかったが、太田には東京の高速鉄道（地下鉄）による交通ネットワークの具体的な構想があった。近代日本の歴史を透視し、後藤のビジョンと共振する都市の設計者であった太田は、一九二六（大正一五）年早すぎる死を選んだのであった。（**春山明哲**／早稲田大学台湾研究所客員上級研究員）

＊中井祐『近代日本の橋梁デザイン思想――三人のエンジニアの生涯と仕事』東京大学出版会、二〇〇五年。

ああ、東京市全面積の五分の一が無租地とは！

米国の政治外交史学者であり、ニューヨーク市政調査会専務理事でもあったC・A・ビーアド博士は、後藤新平が東京市長のときと、関東大震火災後の復興院総裁のときに招致されて、東京市政や復興計画に助言したことでよく知られている。その助言は、ビーアドが後藤に提出した「東京市政論」や「東京復興に関する意見」に述べられている。彼の助言は彼個人の意見と見られがちである。もちろん、彼の個人的意見もあることにはあるのだが、実は、後藤やその部下の官公吏たちと何度も議論を重ねた結果書かれたもので、その意味では、後藤の東京市デザインとそれに基く官公吏のプランニングに関する考え方を共有するものであったのだ。

つまり、ビーアドの報告書は、当時、何が市政の場や復興院で議論されていたかを示しているのである。そのことは、ビーアドの「意見書」で彼が「われわれの意見は大体一致している」などという表現をしていることに現れている。そのことを示す一例を挙げてみよう。

その頃、わが国の諸都市の歳入は、地税を主としていたのだが、東京市の場合、市の全面積の五分の一が無租地の官有地であった。無租地がこれほど多い都市はほかにはなかった。しかもこの官有地の保持に必要な費用は東京市が負担していたのだ。つまり、東京市民の租税で賄われていたのである。事は市財政にかかわる重大問題である。後藤は、一九二二年、時の首相加藤友三郎に提出した意見書の中で、「官有地ニ対シ公課相当額ヲ下付スルコト」を求めている。

◀後藤新平とビーアド

一方、ビーアドは「意見書」で、官有地が「無租地」で民有地が「有租地」であることが、公平の原則に反しているとして、「国庫は市の経常費の大部分と改良費の大部分を支弁しなければならない」と主張している。まさに、後藤の意見とビーアドの主張とは表現こそ異なるが、ほぼ一致しているのである。

ビーアドは、後藤を「科学的政治家」として大変尊敬していた。後藤の伝記を書きたいと思っていたほどである。後藤を通じて親日家であったのだが、後藤亡きあとの日本のアジア侵略には極めて批判的となっていったのである。

（西宮紘）

都市計画と地方自治という曼陀羅（一九二五年）　後藤新平

今日、私はここに一場の講演をすることに相成りました。各講師が講演をされます中、私が時間を取ることは罪悪でないかと思いますが、貴重な時間の一部を与えられました。私も久しくこの都市計画については注意を払っている一人でありますから、各講師にお願いをして今回のこの講習をなすに当って、若干の時間の中に一言することは、私はもとより辞せざる所で、また進んで邪魔になっても言わなければならない場合をご了承くだされたいのであります。

一　都市生活の科学的攻究

まず何をお話したらばよいかと申しますと、この帝都の災害と都市計画という曼陀羅(1)の雑観もしくは絵図を開けて見ることにしようと思います。そもそも、曼陀羅というものもよく総合的にできておりますが、私の曼陀羅はにわかの曼陀羅でありますから、そういう風になるかならぬかは判りませぬが、その意義においてお話をしてみたいと思います。

最近、都市計画が一つの専門となって発展してきたのは、全く都市に住む者の生活上の必要から呼び起こされたのだということは明らかです。したがって、この複雑な都市生活を避けることができるかできないか、阪谷男爵(2)のお話にもありましたが、それは避け得ないことであります。都市計画という専門的攻究がなかったならばどうかを一度考えてみたなら、はなはだ明瞭になる。都市の一〇万以上のものは大き過ぎるとか種々言っておりますが、それらのことは、実は一部の議論にして往々耳にするが、われわれの実際生活にはふさわしくないのです。

また諸君がご承知の通り、有名なウェルズ氏が『アンチシペーションズ』を著して世界の都市の変遷《へんせん》を書いたのは、すでに三〇年前のことです。この時、都市というものは最初は人間の足で往復する程度を標準として開け、次には馬の足で開け、次には鉄路、鉄道、次には電力によって開けるものです。そして次第に都市は大きくなる。かくしてふさわしいオルガニゼージョン、すなわち組織編制というものが出てきて、都市は一個の有機体を作る。その一個の有機体を作るうえでは、不具合にならないように、奇形にならないように、ということが最も必要なことである。

その初めは一里余の幅が、数里また一〇里以上にわたろうとする。これがすなわち科学的生活を必要とするところであります。あたかも官庁なり、その他のものが組織編制を調和してゆくように、都市は人類生活の変遷に応じて、不具合にならないようにしていかなければならない。今日の建設してある都市は次第に変遷しているが、人類生活の変遷に伴って有形の建設物が変遷できないために、非常な恨みを孕んでおり、都市生活が現代にはそわないことが、世界都市の憂いであるとするのは、諸君もご承知の通りです。

しかし帝国においては、ここに六大都市が、さらに中都市、小都市と二〇有余を加えるというくらいになりました。すでにこの都市が必ず同一の制度を以って律することができなくなる。しかし現在の所では、市制というものは一〇万の所、一〇有余万の所、あるいは一〇〇万以上の所も同一制度である。これはすでに制度の上に奇形を生じている。これは制度だから改めたならばよろしかろうといえましょうが、なかなか改めることは困難で、改めたといっても、これは人類生活の変遷にそうことが困難である。しからばこれはどうしたらよいか。その当局者が、都市計画を攻究した範囲内において、自然に照らして、適応させる運用を得なければならないのが骨子だろうと思います。

それで昔は刑法においても、その裁判官の裁量する範囲は小さかったが、現在では段々大きくして良い裁判官を得るならば、刑法でも運用の妙によってよく行なわれる。それゆえに都市研究の妙もここにある。ことに震災において最も必要なことがみな暗示されているといってよい。帝都の震災は帝都のことばかりでなく、すべての都市計画に一大教訓を与えているといわなければならぬ。すでにこの教訓は、法制のみによってその完全な目的を達することができないので、人間によって初めて完全に目的を達することができる。人によって人を治めるのであって、法によって人を治めるのではない、とならなければならない。これがすなわち自治体の名誉であって、都市のことは都市がその任に当たらなければならないと考える。

ここにおいて、これを追及して行けば、都市住民の自治的精神、自治的了解、また能力いかんに帰着する。しかし、いかなる国においても、法律は、国民が心得なければならないと定めているが、法律を知らぬ者が多い。刑法なども知っている者は多くおりません。刑法は裁判官が困らないように、その当局者のために作っているくらいのものである。国民がこれを知り、国民がこれに拠るとは、議論としてはここに帰着するが、こういうことは望むことができない。当局者がその法に拠るその市の応用については十分攻究しなければならない。そのためには自治の倫理的知識も必要であり、自治の法律的知識も必要である。その都市計画においては科学的攻究ならびにその総合的知識の必要が生じてくる。その曼陀羅を作って、当局はすでにこれを理解し、また住民にその曼陀羅を見せて理解させるように導くのが都市計画講習会の主眼である。

なお繰り返して申しますと、とにかくその都市の当局者、あるいは先覚者は、都市計画の意義を理解するのでなければ、全市民の幸福を得ることはできない。そしてこの炎暑の折、諸君が尋常ならざる熱誠をもってこの講習に従われるのは、講師としてもまた講習員としても全市民のために払われる犠牲的精神より出でたものであろうと思います。

要するに都市計画は都市が地獄となるか、極楽となるかの岐路に今立っていると申してもよい。当局者の無理解、国民の無理解、無知というものを、理解に導くのが極楽を作ることになる。

かつて市政調査会(3)で招聘《しょうへい》したビーアド博士(4)が私に教えてくれたが、都市は、四つの敵と闘わなければならない。すなわち疫病、無知、貧困、無慈悲である。まことに至言であって、これらと闘って勝利を占めるには、すべてこの都市計画の経綸《けいりん》が全く備わらなければならないのは申すまでもない。しかるに帝都の震災はいかなる教訓を与えたか。今日まで新聞に記載するものは真偽相半ばして決して真相を得ていないものも少なくない。それのみならず、新聞記者そのものの批評、もしくは判断においても幾多の誤謬がある。これは誤りをきたす原因でありましょう。かりそめにも都市計画の講習を受けて、それによって判断すると、誤った報道でも何でも都市計画一つの報道があれば、それに対して幾多の攻究を重ねてゆくことができて、初めてその報道が役に立つことになる。しかるにこの報道によって諸君がご覧になった所はどうであるか。帝都の震災がいかに教訓を与えたかといったならば、その都市計画における無知と闘うことが、最も困難な闘いであったのは、諸君がご承知になっている。市民のイグノランス、当局のイグノランス、その無知がいかに害をなしたかは、この都市計画において明瞭なことであろうと思う。

しかし、今市民が一様に理解されているものは何であるかといえば、震災はわれ人共に災いであったが、災いであって、災いに終るものであるか、あるいはこれを転じて福音となして幸いとなすべきものであるかに帰着するのです。今日申し述べてみたいと思うのはそこにあるのです。これを以って福音とすべき勇気を鼓舞しなければならない。すなわち、私のいうようなことは誰がいうことでもなく、自然に人類の本能を刺激し、この講習会のようなものの必要を喚び起こし、また講習会に来た人を喚び起こすだけの一大勢力がここに存しているその勢力に適応する勇気があるか否かが問題になるのです。

多数諸君が先覚者としてここに集まられたのは、あらゆる市民の勇気を惹き起こす根本となって、ここに必要な現代文化の進歩による科学に適応し、その応用のよろしきを得なければならないのです。科学の進歩がことごとく幸福をもたらすものならば、これを応用しこれを採用するのに困難はないのである。しかし、この都市計画を実際に応用するに当たっては、科学の進歩がなければ、このような災いに陥らなかったものを、と悔まれるほど危険なものを含んでいる。その代り、これを適用することがよろしきを得れば、その幸福を増進するのに驚くべき良い結果を生ずるのである。これがすなわち現在の科学の進歩の中において、人類の行動の当否を見るわけであります。

二　自治本能の倫理的発達

そこでこの間において、最も注意すべきものは、当局者を始め、その責任を重く感じ最善の努力をするということになる。この最善の努力を成功させるには、市民全体がこれを了解してこれを考慮しなければならない。それを欠いている場合は、かの当局者ならびに市民の無知からくるもので、市民を災いする。市民の無知からくるものは当局者を妨げることになる。震災に対してこれを攻究してみると、目の前にすべてのことがありありと現われてきている。その中で最も怖るべきものは、万能と考えている議員、議会の弊害であります。自治体の議会が権力の争奪所と誤解していることがその一つであります。自治体そのものは元来、和解調停の弁護士が相寄って考えるべき所で、公平な利害、同一の考えを以ってやるべき性質にあるにもかかわらず、政治上の権力争奪に囚われ、これら自治体の了解がないために、あたかも裁判所における原被両告の弁護士の立合いのようなことが自治体の議会であるという誤解をしている。これは全国を通じての弊害である。

ことに町村が市となるに従ってその弊が増長するという傾きがあります。これが都市計画の上においても非常な弊害を生ずる。この曼陀羅は私が一々言うよりも、諸君の方が実際に詳細な総図に書く力をもっており、表わす力をもっていると思います。このことは市民に自治の理解がないところに重大な欠点があると思います。自治について市民の主な者が真に理解しておったならば、決して誤りはない。市民全体によく自治的理解をなさしめる下地ができておれば、かような誤解はないのです。早く言うと、市民の自治的理解の礬水《どうさ》[5]を引いて、市民という絹の上に自治的理解の礬水を引いておれば、どんな極彩色の絵でも描けるのです。市民に自治的理解をなさしめる礬水を引いておらぬから、いよいよ卓見ある極彩色の絵を描こうと思っても描くことができないのです。これは現代の都市計画を行なう上で攻究した知識を以って、その知識を実際に実行する障害になるのです。これは自治的理解という礬水を引いて置くことの必要という点に帰着する。

　都市計画の根本義がここにある、という点からまず一言申しておきたいのは、自治というのは人の本能である。これが法律側から災いされて病的不健全に傾いている。日本の国がどれほど法律的発達しているか知らぬが、これほど法律学生の多い所はない。高等教育を受けている学生を統計的に調べたならば、日本国が一番多い。それで法律亡国論となるべき傾向が起こって、ここから今日は何でも権利は取れるだけ漁《あさ》る、これが現代文明生活の本義であると考えている。義務は尽くさなくても構わぬ、権利だけは漁る、これが法律学生の目の置き所であって、法学先生の声色を使うのもここである。こういうところから国民に自治的生活の浄土を離れて、地獄に行くように指導するのが法学中毒の結果であって、自治的方面、倫理的方面を離れて、法律的方面に走る弊害が大であるのは、私よりも神の告げるもので、私をして戒しめられたものだと思っている。この弊が選挙に行って選挙権といって、選挙義務とは言わぬ。御詔勅を見ると明らかに選挙義務と仰せられている。

これはイギリスはどうであろうと、フランスがどうであろうと、アメリカがどうであろうと、日本帝国の立憲政治、日本帝国の自治制は、義務が根元であることは明らかである。日本帝国は一大家族主義の生活であり、日本の立憲政治は他国の立憲政治と共通なところと特異なところとがあるべきは自ら明らかである。血を流して立憲政治を布いたのと違う。しかし、国民の根本に理解がない。そして自治生活は国家的家族生活の単一な細胞体である。これが健全でなければならないとはみな知っているが、不健全な病根を顧みる所がない。義務を元とする所がない。そこでわがままなことを言って通す。それが一人二人ではいかないが、多数になればそれが通るのであります。貴方がたの中には当局の人もおりましょうし、また当局でない人もおりましょうが、一個の意見としてこれが市民のために必要であると思った時に、議員に話をすれば同意する。他の議員に話しても同意する。それで同意したからといって、必ず成功するだろうと思っても、議会では全く反対になってしまう。全く別のものとなってしまう。酸素と水素とが化合して水が出てくるように、まるで別のものになってしまう。

ある時には別の力が起こることも大変結構ですが、大体元が本物でないから、偽物と偽物が寄るから途方もないものができる。このことが選挙にも及んで、総選挙とは選挙の市場が開かれるくらいに考えている。したがって自治体の議員でも何でも計算に合わない金を費して、その選挙の後はどうなりますか。その後始末がどうなるかに理解がない。そこに病根があるのは諸君もご承知のことと思う。

またビーアド博士の声色を使うようですが、あの人はよく私に教えてくれましたが、都市は一大規模の家政婦である、家の主婦である、奥さんである、市役所といっても、大規模な家政婦である。この意味は全く自治本能の倫理的発達が必要であることを言い表わしているものと思います。もちろん、法律的方面も必要であります。全然ないことを欲するのではありません。その調和のよろしきを得るにあるが、現代においては倫理的方面は等閑《とうかん》に附《ふ》せられて、法律的自治が発達している。それだけでなく日本帝国においては、自治制は、ほとんどないということは、この法律を攻究する自治論者から、しばしば聞きます。学者から私が教えられましたが、今の自治制は官治制の混乱である。真に自治というものはない、真の自治は中央政府が干渉できないようにしてしまうことになる。これは一様によろしくないとは言わないでありましょうが、日本も段々変遷してきておりますから、必ずしもこれは悪いとは言わない。また全然よいとも言えますまいが、これらのことは法律先生のいうところに任せて、今日ここに分析してお話しするのではないが、大体市役所という所は家政婦である。一個の主婦と同じようなものであって、奉仕する所である。この意義からいって全然法律を非難することはできないが、法律は倫理と調和を得なければならない。今日はその調和を失っているために、ただ権利を貪って、そのことを人様の前に、恥かしいことも自慢そうにいうように法学が発達している。現にそれが最も著しく帝都の震災においても現われている。帝都の震災が今日困難を来したのは、イグノランス、無知、無理解、倫理的自治知識の欠乏から起こっているのは争えない。これを事実に即してお話ししてみようと思います。

三　帝都大震災と復興問題

帝都の震災はどういうものかということは、みな忘れている。これを今日話してみるとアーというくらいに言いますが、私は混乱のさ中を過ごし、九月六日頃は秩序が保てるか保てないかという時であります。その時に「帝都復興の議」を出したのです。

（以下、本書二〇九頁「帝都復興の議」と同一につき略す）

こういうことになった。ところが六日にこれを閣議に提出しても、本当に理解して全体をどうするかは閣員にも判らなかったと思います。これは決して閣僚の悪口を言うのでもなく、内閣の無能を示すのでもありませんが、その当時の事情は、言語に尽くすことができないもので、目前のことに追われて毎日閣議は開いているが、大計画のことについて実際に徹底的意見をもっている人は少ない。これを出した時に反対論はなかった。あの復興審議会などを作って善いとか悪いとか、種々のことを考えた人もありますが、その議論は別としても、その復興審議会なるものが起こりました。それから調査委員会なるものが起こりました。そして第一の条件として、帝都復興に要する経費は原則として国費を以って支払うこと、これに充当する財源は長期の内外債によること、次に罹災地域の土地は公債を発行してこの際これを買収し、以って土地整理を実行した上、必要に応じて、さらに適当公平にその売却または貸付をなすこと、これが困難なことになりました。これがすなわち今日、区画整理に立ち至った原因である。これを以って当時の当局者を無能とまでは言いませんが、昨年の九月六日に今日の状況を洞察しておった人はどれだけの人かといったならば、思い半ばに過ぎるものがあろうと思います。

まずその一例をいってみるならば、その時それらの人々で、前に出た帝都復興の曼陀羅の中には、自動車の数が震災後において倍数以上になると書いてあっても、誰も見出したものはない。それがそもそも迷いの初めであることは明瞭であると思う。このことから道路はどうしたらよいかが判る、どれだけの道路にしなければならぬかが判る。このことさえ判らぬから、とても帝都の復興などは何時のことやら判らないということになる。震災当時、救済のために、握り飯を出したが、どういう者が来ても二つ持って行くものはない。この悲惨な状態が人の良心を喚び起こして、倫理的観念が起こって、一つずつしか取っていかない。残っているのはどうか他の人にやってもらいたいと、口に出して言った者はありませんが、そういうことである。段々秩序ができて一〇日くらい経って後は、中には二つ持って行く者もあり、また三つ持って行く、副食物まで苦情を言ってもらって行く。握り飯一つを感泣して貰うという考えは毛頭なくなってきた。そのときにはやや獣欲性の方面が発達してきたのが明らかになってきた。それと同時に、役人の方でも、社会局などにおいても、決して現行制度に拘泥してやってはいけないという方針であったが、段々十日頃から、やや会計法の第何条というようなことで、人民の喜びや悲しみに関係するところはどうかと考える位置に立つことを忘れて、事務を処理して法律を実行していけばよいという考えになってきた。

この考えが起こってきたのは、実にこの全体を理解することができないで、当座勘定ばかりを思っている根性を赤裸々に現わしてきたからである。この当座勘定に迷う人間は必ずしも悪くはありませんが、相当な知識を備えて、われわれが平常畏敬する人にもある。この点については畏敬を払うことは私、吝《やぶさ》かではない。そして総勘定を知らぬ、総勘定を顧みる将来の予防的観念を欠いている。こういうことが段々生じてくるのですが、それが物を知らないとよいが、物を知っているために迷わされて、総勘定を疎《おろそ》かにすることが起こってくる。

そこで罹災地域に公債を発行してやるということは、全く攻究を要するのではあるが、その日に即決を延ばしたことが今日まで災いすることになった。これにはお前が入っておるでないかというが、その通りで、これは自分の微力に違いない、違いないが、これがすなわち合議制によるところであって、全体の理解がそうでない。そしてこの土地が一一〇〇万坪あるが、これを買うとなれば幾らかというと一〇〇円にすれば一一億円、坪一〇〇〇円で買えば一一〇億円、三〇〇円で買うと三三億円、何も驚くことはない。なぜかというと、どんな大きな借金でも何年か後には返すことが確かにできる。そのために幸福を増進することになる。驚くことはない。ただ振出手形と交換するだけのことであって、ここに幾多の金銭を持ってこなければならないわけではない。何年かの後には納ってくる。日本国民を幸福にするものだと結局は判っていることであるが、しかしだいたいこういう風に単純にはいかない。これが区画整理に段々化《ば》けていって、今日の困難を引き起こしている。

しかし、区画整理も穏当でないものであって、行なわれないものであるかというと、断じてそうではない。区画整理も一つの方法で、この方法によってやって行くことも一つの方法である。またこれを合法的にすることも、必ずしも至難のことではなかろうと思います。しかし、その間に内閣が更迭《こうてつ》して、時も経過してきまして、また元のような状態になって東京市民にも多少、区画整理に理解ある者もある。すなわち自治的観念のある者も乏しくないのでありまして、これに同意する人も沢山になってきました。今までに多数あると思います。しかし、これが遠くの地所にある間は賛成であるが、自分の地所までくるとチョット待ってくれとなる。ここに自治的観念の徹底的な、科学的生活の徹底的な理解があるか否かが段々起こってくる。そして平面的生活・立体的生活になっていって、全体の復興についてなんら攻究するところなく、自分の土地が関係しているとか、自分のもっている家に関係があるかどうかに夢中になって考えておるということになります。

四　当座勘定に囚われるな

こういうことになるので、これが都市計画に非常な困難を醸《かも》しているのは、諸君もお判りになっていることと思います。過ちを三度するということになりますから、この帝都復興に関する震災の経過変遷を話したならば、将来においてどういうものだという考えが判るだろうと思います。そしてこのことが詰まらぬ者ばかりであればよいが、当時、政友会の総裁、現在の農商務大臣、幾度か内閣に入り、われわれが尊敬している高橋是清(6)君などは、復興審議会において「ロンドンの英蘭銀行の左は三間、右は五間の道路になっている。あれで間に合っているから、道路などは拡げることはしないで、早く復旧をやった方がよい」と言っておる。これは斉党野人《せいとうやじん》の言でなくして、そもそもこの区画整理がいかなるものかを、少しも理解がない。もう少し理解したならば、このようなことまで申さぬだろうと思います。決してこれは悪意を以って東京市民に災いするために議論したものではない。ただこの点に無知なことを憐れむのであって、そのために東京市民に災いするところいかんと思うままに、赤裸々に諸君が攻究されたならば、都市計画はいかに考慮し、いかなる信念を以って進まなければならぬかに、まず臍《ほぞ》を固める必要があろうと思います。このような一時のことが将来に災いをなして困難を引き起こし、場当り主義、当座勘定が都市計画を妨げるようなことが起こる。まずかようなものですから、この都市計画については一体に理解をなさしめることが最も必要なことです。

今日は先刻申し述べたように、一年経たぬうちに東京の自動車の台数は倍以上になることが判らなかっただけでありますが、また電力などはほとんど今日のように盛んに応用されることも判らぬ。電力などは電燈会社に行ってご覧になると判ることで、また市電に行ってお聞きになっても、震災の前よりは非常に電力を希望する、今までは一〇燭光《しょっこう》を点けたものが一五燭光を点けるようになってくる。その他の方法で応用が盛んになってきて、この震災ということが、ある点においては、非常に市民生活の発展を呼び起こしていることになる。これらの点から考えてみますと、この帝都復興は、東京にお出でになる中に幾多の成功、幾多の失敗の跡をご研究になることは、都市計画の研究に最も必要な問題であって、この曼陀羅を読み去り、読み来って十分な解釈を与えるにおいては、諸君の研究材料となり、各講師より述べられる材料によって、現在帝都の震災の曼陀羅をお読みくださってみると、非常にご理解に便なるものあらんと私は信ずるのです。それゆえに、その当時のことの一部を赤裸々に諸君にお話しして、諸君が将来の都市計画については、攻究と英断と勇気が必要であることを申し述べて、諸君のご参考に供します。清聴を煩《わずら》わしましたことを謝します。

＊＊＊

あまりに今日は当座勘定にばかり囚われて、総勘定の勇気がないので、帝国の将来に関係するだろうと考えられますが、その原因はまったく自治生活の精神いかんにあることで、そこで、ここに「国難来」「政治の倫理化を提唱して」「自治生活の新精神」「日露問題について」「対露交渉と日露協会」および「時局に関して訪者の質疑に答う」など六冊のパンフレットを差し上げますから、お暇の時ご覧なされば判ると思います。このことについて附言しておきますが、これはチョット穏やかでないようですが、そもそも、世界戦争を起こしたのは日本帝国であるという観念を、日本国民が持たなければならない。戦争を起こすだけの大きな力をもっているなら、平和にも貢献するのは同じことであって、簡単に申してみれば、支那という国は世界第一の大きい国である。世界の人は偉い国と思っておったが、それに戦争を仕掛けて三文の値打ちもないと世界に曝《さら》け出したのは日本である。これも世界均衡を動かした本当の原因であると私は考える。

次に、ロシアも、ビスマルクでさえ怖れて触れぬように大切にしておった、あれに触れれば自分の国ばかりでなく、欧州の平和も保てないと思って大切にしておったのです。頭を上げてその真価を世界に曝け出したのは日本である。この大きな責任ある日本帝国である。この力があれば、世界の平和に貢献する力も日本にあるはずである。その責任があるのだという理解が、今の日本国民にないのは、これは現代を理解できないからである。日本帝国の三〇年来の歴史ある精神の結晶したところを理解できないから、勇気を欠くゆえんである。これが帝都復興事業たる都市計画事業に勇往邁進《ゆうおうまいしん》できない原因であると思います。よく法を作るものはよく己れを破る。よく法を破るものほどよく法を作るで、こういうことはちょうど裏と表にあるようなものである。

ところがこの意義を徹底的に解釈しないで当座勘定に囚われ、そして総勘定を忘れている。そして三世貫通の今日に自分が生れたことを忘れておる。過去・現在・将来の三世貫通の所に生まれておって、日本の国民は偉大な力をもっているという、汝を尋ねて汝自らを知らない。当座勘定のみであまり自分を知らぬから、自惚《うぬぼ》れないでもよいことに非常に自惚れをもっておる。そして勉強すべきところを怠っている状態であります。このことが国家的にも自治的にも非常な病根である。日露戦争の時に当たって日本国民の精力は極度に達した。それから以来は退嬰《たいえい》的になって、今日に至って次第に臆病になって己れを軽んずるようになってきた。そこに選挙の大弊が起こって五〇〇〇万円という不生産的な金を使って、自らこの選挙に多く投じたことを自慢しておる。そして三分の一以上のものは選挙の始末が付かない。これらの者が集まって財政上の整理をするといっておるのでありませんか。議員とはこういう者で、政党とはこういうものだと考えたならば、何の疑いもないが、真に経済の原理、倫理の原則に照らしてみると実に危いかなであります。

これらのことについては私は全部書いてありませんが、その基礎を書いてありますから、幸いにご覧くだされればまことに幸いであります。

注

（1）密教の教理を図画化したもの。ここでは都市計画の総図を比喩的に表現した。

（2）阪谷芳郎《さかたによしろう》（一八六三―一九四一）。東大卒業後、大蔵省畑を歩く。渋沢栄一次女と結婚。日露戦時に大蔵次官として当る。第一次西園寺内閣蔵相。後、東京市長。貴族院議員となり、各種の学会・団体・事業の会長。後藤の政治の倫理化運動にも参加。満洲事変以後、政府の政策をしばしば批判。岡山出身。

（3）大正十一年（一九二二）二月二十四日、財団法人として認可を受ける。東京市の腐敗を改革するために、米国ニューヨーク市政調査会を範としたもの。安田善次郎が財政援助を申し出た。ビーアド博士を招き、米国の手法を導入、日本に適する形にした。市政会館・公会堂建設資金は安田家の寄付による。

（4）C・A・ビーアド（一八七四―一九四八）。米国の政治外交史学者。コロンビア大を経て、ニューヨーク市政調査会専務理事。後藤は東京市長のとき招致。東京市政調査会設立に助言を得、関東大震災のときも招き助言を得た。後藤亡き後の日本のアジア侵略に批判的であった。

（5）明礬《みょうばん》を水に溶いたもの。紙に引いて絵具が滲まないようにする。

（6）たかはし・これきよ（一八五四―一九三六）。文部省、農商務省、日本銀行をへて、横浜正金銀行支配人。日銀副総裁のとき日露戦争外債募集に成功。のち正金銀行頭取、日銀総裁、第一次山本内閣蔵相、加藤高明内閣農商務相、田中内閣蔵相、犬養内閣蔵相、斎藤内閣蔵相をへて、岡田内閣蔵相のとき、二・二六事件で射殺された。東京出身。

失敗は予見の裏返し

後藤の都市デザインは、都市計画の専門家には見られない成功と失敗に彩られた豊富な経験に裏打ちされていた。その経験は台湾や満鉄時代に観るのが通例であるが、東京市の改造や復興は、それらに加えて、さまざまな分野での国家規模の成功と失敗の経験に基づいている。まさに、後藤の経験において「東京は国家の縮図」そのものであったのだ。

後藤の国家規模の経験で言えば、たとえば第二次桂内閣逓相時代、電話度数制・自動式電話の採用は失敗に終った。しかし、南洋航路の開設、電気・通信・郵便などの法制整備、発電水力調査への着手、さらには海底電信線の開通、山手線の電化とその延長などには成功している。もっとも、熱海線の工事計画は、後藤の私利のためなどと言われのない攻撃をされて中止となった。

国有鉄道については、狭軌から広軌への改築を強力に推進し、原町田駅・橋本駅間で広軌の実験まで行ったものの、頓挫した。これらに並行して国鉄関連も含めた社会事業にも力を注ぎ、人材養成の講習所や共済組合の実現などに成功している。

総じて言うならば、後藤の失敗を裏返せば、それは後藤が科学的統計的予見を実現しようとしたということである。この予見を人は「後藤の新しがり屋」と見て一笑に付すかもしれないが、それは表面的な見方である。
たとえば後藤は、東京株式取引所と付近の仲買店にティッカー電信機を採用させ、電報の送受に気送管を設備させることに成功した。発電水力調査を行ったのは、将来、電力需要が劇的に増えることに備え、送電を安定化させるという後藤の予見があったからではないか。失敗に終わった電話度数制・自動式電話の採用は、待ち時間を解消するためであった。鉄道の広軌化も、「世界運輸交通大幹線の実現」という世界的な視野に立って推進したのではなかったか。

後藤がその予見に基づいて実現しようとして失敗した事業が、後年になって実現したケースは実に多い。後藤の失敗は、後藤の先見性の証明でもあったのだ。このような先見性は都市計画でも遺憾なく発揮され、本書で述べたような全体的な都市像が描かれた。一方、後藤の構想の一部は、未だ実現されていないのである。現代の政治家に、後藤のような先見性はあるだろうか。

（西宮紘）

〈解説〉後藤新平・都市論の系譜

青山佾

「都市計画と自治の精神」の意義

わが国の都市計画法制の発展段階は、①東京市区改正条例の時代②都市計画法及び市街地建築物法の時代③新しい都市計画法の時代という、以下に具体的に示す三段階に整理することができる。

① 明治二十一（一八八八）年制定された東京市区改正条例によって、東京のみ都市計画の基本が法律によって定められていた時代。この場合の市区改正は都市計画とほぼ同義語と考えていい。条例は今日では自治体法だがこの時代は国法。

② 大正八（一九一九）年の都市計画法及び市街地建築物法によって全国一律に都市計画の基準が定められた時代。なお京都・大阪ではその前年に市区改正条例ができていたし、横浜・神戸・名古屋にも準用されていた。

③ 昭和四十三（一九六八）年に新しい都市計画法が制定された以降の時代。なお昭和二十五（一九五〇）年に新しい建築基準法ができていたが、新しい都市計画法に合わせて改正された。

本書に紹介した「**都市計画と自治の精神**」は、上記のうち第二段階の、全国一律の都市計画法及び市街地建築物法をつくり、つくった法律の趣旨を全国に普及しようとする時代における後藤新平の講演である。後藤新平はその運動をするためにつくられた都市研究会の会長になっていた。設立は後藤新平が内務大臣を務めていた大正六（一九一七）年十月である。

後藤新平らは、都市計画法及び市街地建築物法が発布されてから（大正八年）、東京、大阪、神戸、京都、名古屋、横浜の六大都市で講演した。また大正九（一九二〇）年十二月に東京市全十五区において講演会を開いている。

後藤新平は大正七（一九一八）年四月に内務大臣から外務大臣に転じ、同年九月に辞職している。だから都市計画法及び市街地建築物法が発布されたときには都市計画を所管しているわけではなかったが、これらの法律をつくることを所管大臣として自ら発案し、そのための予算も無理やりつけたという経緯もあった。そのため、都市研究会の会長として、市民に対して都市計画の普及啓発に努めたのである。

このころの日本は、日清戦争のあと台湾を植民地として、また日露戦争のあと満鉄の権益を得て、欧米列強と対立あるいは時に連携しながら明治維新以来五十年にわたって富国強兵・殖産興業路線を突っ走っていた。

国内の生産力も向上し、都市化も進んでいた。都市人口も増加の一途を辿っていた。しかし都市計画がそれに追いつかず、都市は無秩序に膨張を続けていた。当初はその問題は東京や大阪で顕著だったが、今や全国の都市に共通の問題となっていた。そのため全国一律の都市計画が必要とされた。

しかしそれを市民が、あるいは地権者たちが直ちに理解できたわけではない。膨張する都市に必要な道路や鉄道あるいは公園、さらには各種ライフライン関係の都市施設をつくろうとすると地主の反対に遭遇するなどして、日本の近代化にふさわしい都市施設の整備はなかなか進まなかった。そのために後藤新平は法制度も整備したし、市民に対する啓発活動の先頭にたったのである。

「都市計画と自治の精神」という後藤新平の演説は、そういう時代背景のもとにある。「都市計画は健全な自治の精神による」という、この演説を貫く趣旨は、都市計画を実現するためには多くの人の協力を必要とすることから出発している。その協力は、都市施設に対する土地の提供など物理的な要素はもちろんあるが、都市計画決定過程で互いに知恵を出し合うという精神的な側面もある。

物的インフラだけではなくそこで生活している人たち自身をも重視する。現代の流行り言葉を借りれば、コンクリートだけではないし人だけでもない。文明の利器を最大限利用するがそこでは民衆の生活に基礎がおかれている。

都市計画は自治であるという後藤新平の思想は、全国一律の都市計画を是とするわけではない。その地に合った都市計画を自治によって定め実行することを要求する。このとき後藤新平が主導した都市計画法及び市街地建築物法は全国一律だったが、それは、急激に膨張し発展する日本の都市を全国一律の都市計画・建築基準の方法論によってそれぞれに計画的に律することが急務だったからである。

そういう意識が全国になかったから、一律の方法論を定めた。そして後藤新平は啓発活動に自ら従事した。今日、私たちは全国一律の都市計画法と建築基準法をもっている。しかし、社会が成熟段階に達した今、東京の都市計画法・建築基準法と、地方都市のそれとがまったく同じ制度でいいのか。北海道のそれと九州のそれとまったく同じ制度でいいのか。それぞれの都市がおかれた気候・風土・経済・生活その他諸条件によって、都市計画の決め方・進め方もそれぞれに合った制度を自らつくったほうがいいのではないか。

後藤新平の「都市計画と自治の精神」演説は、そういう問いかけを現代の私たちにしているようにも見える。冒頭の都市計画法制の発展段階において第三段階に入って半世紀を経た今、高度経済成長時代につくった現行の都市計画法制の抜本改正が私たちの世代に課せられた大きな課題である。

総合計画としての「東京市政要綱」

現代において世界的に、都市計画を土地利用計画と考えるのではなく、そこに住む人々の生産活動を含む広い意味での「生活の場」としてとらえ、総合的な都市の計画をつくろうとする一種の運動が起こっている。

前項に紹介した「都市計画と自治の精神」演説が後藤新平の都市計画論であるとすれば、「**東京市政要綱**」は、都市計画を超えた都市の総合計画である。土地利用計画だけでなく、廃棄物処理から福祉、教育、住宅など広範囲にわたっている。

逓信大臣、内務大臣、外務大臣などを歴任して次は首相の椅子を狙っていると目されていた後藤新平が大正九（一九二〇）年、東京市長に就任したとき、世間は意外なことと受け取った。東京市長就任受諾の直接の契機は、首都東京で汚職が頻発して「伏魔殿の東京市役所に入って行く者は見たが出てくる者を見たことがない」と言われた東京市の市長の引き受け手がおらず、日本にとって政治的危機であると考えたことであるが、底流には、後藤新平自身、欧米に負けない近代都市東京建設への熱意があったからである。

前項で述べた都市研究会は、後藤新平の東京市長就任の直前、東京市民に対する六万五千通の往復葉書によるアンケート調査を実施している。このアンケートの結果、東京市民の大勢は、東京市役所の大改革と人事の刷新を要求していることがわかった。そこで後藤新平は東京市長就任にあたり、三人の助役を連れて乗り込むばかりでなく七五名に及ぶ専門家集団を非常勤の嘱託として任命し、市役所の職員と議論させ、「東京市政要綱」をつくった。

当時の東京市は、雨が降れば道路がぬかるみ、晴れれば土埃が舞い上がり、路面電車は殺人的混雑、下水は淀んで悪臭を放ち、水道は夏には断水騒ぎを繰り返す、ごみ・し尿の始末はうまくいかない、という、近代都市以前の状態だった。

「東京市政要綱」は、だから、当時の東京市の都市問題の解決をはかろうとするものにすぎない。しかし当時の東京市の年間予算が一億円あまりだったのに対し、十年ないし十五年の計画期間で八億円を要するプランであったために、そこだけをとって「また後藤の大風呂敷が始まった」と言われた。実際に読んでみると地味で堅実な計画である。

「東京市政要綱」策定の目的の一つに、汚職防止があった。市役所幹部や政治家が、その都度、政治的思惑から「ここを改善しよう」「ここにあれをつくれ」と話し合って恣意的に決めるところから汚職が始まる。あらかじめ全体計画を決定して計画的に事業を執行すれば汚職が発生する余地が減少するという考え方である。

「東京市政要綱」以来、東京市、その後昭和十八(一九四三)年に東京市と東京府が合併して誕生した東京都では、連綿として、単年度予算ではなく中長期的な計画を策定してそれに従って事業を実施していく政策決定・執行のシステムが確立した。

デイビット・オズボーンらはその著『行政革命』(日本能率協会マネジメントセンター)の中で東京都の中長期計画策定による政策決定システムを紹介しているが、このシステムは、後藤新平が八十年以上前に東京市で始めたものである。

震災復興の都市論——公共の福祉と個別私権の衝突

本書に収録した大正十二(一九二三)年の「**帝都復興の議**」、翌年の「**帝都復興とは何ぞや**」、同じく翌年の「**復興の過去、現在および将来**」の三点は、いずれも大正十二(一九二三)年の関東大震災の復興計画の樹立ならびにその実行に伴う後藤新平の都市論である。

震災直後に後藤新平は、対ソ連外交を担う外務大臣就任の流れを捨てて、震災復興を担う内務大臣に就任した。そのときチャールズ・オースティン・ビーアドからは「直ちに新街路と鉄道路線を決定せよ。そこには家を建てさせるな」という趣旨の電報を受け取っている。民衆は生活力に富んでいる。まだ隣の街区が燃えていても、こちらの街区の火が収まれば、もう小屋を建てようとする。これを許していると前よりもさらに災害に弱く機能性に乏しいまちができてしまう。後藤新平は、未だ、東京において都市計画を実行できないでいた。地主の反対が強かったからである。東京市長は二年で辞職した。対ソ連外交を担うためである。このとき、突然関東大震災が発生した。

この際、民衆の復旧志向に先んじて復興都市計画を定めることが大切だ。ビーアドの指摘は的確である。ビーアドはアメリカ外交史の専門家である。都市計画家ではない。アメリカ外交はアジアの諸国に対して友好的であるべきだという信念から、東京市長当時の後藤新平の依頼に応じて東京の発展を願って東京市政に助言をした。後藤新平も、いわゆる都市計画家ではない。都市計画の専門家でない二人が東京の都市計画の基礎をつくった点は、興味深い。

後藤新平の震災復興計画は、いきなり、個別私権と対立した。議会でも復興予算の削減を強く主張したのは都心の大地主である。区画整理は減歩（それぞれの土地所有者の土地面積が一定割合で減少する）を伴う。道路や公園の用地を、地主が少しずつ提供するからである。今も昔も、それで、地主が反対する例が多い。

減歩しても、道路や公園その他の都市施設ができたことによってその地域の土地の価値は飛躍的に向上する。だから十分、元が取れるはずだが、それは先のことである。まず、反対することから事が始まる。そのため、後藤新平の震災復興に関する発言はいずれも、区画整理、そしてその意義に言及することになる。

反対に苦しんだが、結果として、昭和通り、日比谷通り、晴海通りなど主要な幹線道路がこのとき整備された。隅田公園、錦糸公園、浜町公園、横浜の山下公園をはじめ各種公園も整備された。日本橋魚市場は築地に移転した。隅田川に吾妻橋や厩橋など鉄製の名橋が架けられた。私たちは今日もこれらの橋を使っている。

小学校と公園をセットにした防災まちづくりが行われ、不燃建築の同潤会アパートが各地に建てられた。市民が政治を議論する場として日比谷公会堂をつくった。東京の人口は一挙に郊外に向かい、このあと昭和七（一九三二）年大東京三十五区が成立する。震災を契機に大東京が成立した。

このとき、震災による焼失面積を上回る約三六〇〇ヘクタールの区画整理が行われている。昭和二十（一九四五）年の東京大空襲では約一九〇〇〇ヘクタールを焼失したが戦災復興で実施した区画整理は約一六五〇ヘクタール程度にすぎないことを考えると、後藤新平がいかに奮闘したかということがよくわかる。

「都市計画と地方自治という曼陀羅」という遺言

晩年の後藤新平は講演等で言いたいことを言っている。もともと現職時代から言いたい放題で物議をかもすことが多かったが、晩年になるとその傾向はますます顕著になった。大正十四（一九二五）年の「**都市計画と地方自治という曼陀羅**」は、他の政治家を名指しで批判して、わかりやすい。

この場合の曼陀羅は、体系的配列すなわち全体像を図式的にわかりやすく示そうとする意と理解していいだろう。後藤新平が他界したのはこれより四年後だから遺言というには少し早いが、内容的には区画整理にこだわり、欧米に負けない近代都市をきちんとつくっていくことにこだわっており、言いたいことにすべて触れているので実質的には都市計画と地方自治についての遺言と言うべき位置にある。

日本の近代史・現代史を通じて、自分の描いた都市デザインを後藤新平のようにきちんと形にして残した人は珍しい。

「後藤新平がこのように都市計画の業績を残すことができたのは、若いときに測量学や医学など、幅広い分野について多角的に勉強したからではないでしょうか」

後藤新平のもとで働いたことのある田辺定義さんの家を訪ねて私がそう問いかけたのは、平成九（一九九七）年、田辺さんが百八歳のときだ。田辺さんは大きなしっかりした声で答えた。

「後藤は、口癖のように、科学的行政と言っていた。後藤は、医師の立場から都市に生物学の法則の適用を唱え、自然の発展法則に逆らわずにそれを助長していく都市政策を実施したのです」

自然科学と社会科学、分野と分野の枠を越えて立体的なデザインを指向した発想に今日の都市論が学ぶべきことは多い。

都市計画は、白紙に絵を描くのではなく、現に人が住み、働くまちを、生活や産業を維持しながら改造していく宿命をもっている。今日、私たちが、都市計画という四文字熟語をまちづくりと平仮名で呼ぶようになったのは、ようやくそのことに気がついたからだ。後藤は、そういう都市の現実を踏まえて都市計画を立案した。

曼陀羅の縦軸を都市計画が構成し、横軸を地方自治が構成しているとすれば、さらにそこに立ち、住み、活動する人々を視野に入れた三次元の曼陀羅を考えていた。それは具体的で、生きている都市論であり、立体的な設計図である。後藤新平の都市論は都市デザイン論の名に値する。

解題

「都市計画と自治の精神」（『都市公論』第四巻第一二号、大正十（一九二一）年一二月）

＊本稿は、恐らく後藤の都市についてのまとまった言説の初期の著述でありながら、自治―都市観、人間という存在そのものと技術と社会制度の調和についての根本的な理解を示した重要なものといえる。

「東京市政要綱」（『都市公論』第四巻六号、大正十（一九二一）年六月）

＊本稿は、東京市長の職に就いた後藤新平が、市区改正の遅延と不足を観察し、東京の近代化、都市施設・衛生利便の向上を図るため立案した、いわゆる「八億円計画」（正しくは「新事業及其財政要綱」）の骨子を説明したものである。計画自体は大正十年五月に公表されたが、公表に先立って四月二七日に市参事会に諮られていたものである。

「帝都復興の議」（大正十二（一九二三）年九月六日）

＊関東大震災による東京・横浜の惨状から、また、防衛上や植民地経営の上で東京には難ありとして陸軍の一部をはじめ遷都を唱える節もあったが、それらは、組閣直後、九月六日、後藤内相によって閣議に付された本稿によって強く牽制される。

「帝都復興とは何ぞや」（東京市役所編『区画整理と建築』帝都復興叢書七輯・帝都復興叢書刊行会、大正十三（一九二四）年七月）

＊稿の冒頭に「後藤子爵が内務大臣であった折、地方長官会議の席上での演説の大要を抄録したもの」とあるように、前述「帝都復興の議」のあとの帝都復興事業の趣旨と経緯を示した文章である。これは次に収録されている「復興の過去、現在および将来」と一連の性格のものである。

＊帝都復興の詔勅の一節を引き、地方長官に首都の特殊性に鑑みた復興の必要性を述べている。その一節とは「（略）東京ハ帝国ノ首都ニシテ政治経済ノ枢軸トナリ国民文化ノ源泉トナリテ民衆一般ノ瞻仰スル所ナリ一朝不慮ノ災害ニ罹リテ今ヤ其ノ旧形ヲ留メスト雖依然トシテ我国都タル地位ヲ失ハス是ヲ以テ其ノ善後策ハ独リ旧態ヲ回復スルニ止マラス進ンテ将来ノ発展ヲ図リ以テ巷衢ノ面目ヲ新ニセサルヘカラス」（大正十二（一九二三）年九月一二日の詔勅）

「復興の過去、現在および将来」（『帝都土地区画整理に就て・第一輯』東京市政調査会、一九二四年四月／『都市公論』第七巻第五号、大正十三（一九二四）年五月）

＊原題「復興の既往及び将来」（『帝都土地区画整理に就て・第一輯』）「復興の既往現在及将来」（『都市公論』）。本書では後者を基に前者で文脈を補った。同タイトル・ほぼ同内容のものが『帝都土地区劃整理に就て』工政会（一九二四年九月）にある。

＊帝都復興・震災復興の紆余曲折・困難について、率直に言及している講演記録である。

「都市計画と地方自治という曼陀羅」（都市研究会編『第三回都市計画講習録第三巻』、大正十四（一九二五）年三月）

＊本稿の素材は、都市研究会主催による「第三回都市計画講習会」（大正十三（一九二四）年八月）でなされた講演である。この第三回講習会は、震災後の状況や都市・土木・建築をめぐる社会環境・技術的環境の変化に照らして、震災前に行われていた講習会をより当時の実情に合わせたかたちで再開されたものである。『都市公論』第八巻第三号（大正十四（一九二五）年三月）にも同内容の所収がある。

＊本論考は、震災前の「都市計画と自治の精神」と一対をなすであろう。また構成上も、『アンチシペーションズ』への言及など、かなり類似性があり、重要な示唆に富むものである。本シリーズ『自治』の解題にも記されているように、本書所収のほか都市―自治に関する論考（すなわち後藤における広義の都市論）としては、「自治制度と紳士税」（『都市公論』第四巻二号・一九二一年二月）や「現代の自治生活」（同第四巻六号・一九二一年六月）、「自治は人類の本能」（同第五巻五号・一九二二年五月）、「帝都の大震災と自治的精神の涵養」（同第六巻　一九二三年一二月）などがある。

本書所収のほか、上の解題文中で触れていない、市民の自治意識向上に資するもの、吏員の資質向上に資するもの、行政の動きに関するものなど、広義の都市論に関する論稿の主なものに以下がある。是非、参照されたい。

「都市改善と都市研究会の使命」『都市公論』第四巻第一号（一九二一年一月）
「市民は自治市民試験に及第せり」『東京評論』第二巻第一号（一九二二年一月）
「東京市政ノ現在及将来ニ就テ」（摂政宮殿下への御進講の記録）（一九二二年五月）
「市政振作の根本義」東京市吏員講習所（一九二二年八月）
「帝都復興論」『都市公論』第六巻第一一号（一九二三年一一月）
「帝都の大震災と自治的精神の涵養」「帝都復興計画の大綱」『都市公論』第六巻第一二号（一九二三年一二月）
「清浦首相ニ呈スルノ書」（草案）（一九二四年一月）
「帝都東京ノ復興ニ就テ——桑港ジャパン雑誌ニ寄稿原稿」（一九二四年六月）
「都市計画と相互的精神」『都市公論』第七巻第六号（一九二四年六月）
「予が市長去就を明らかにし併せて二百万市民の愛市心に愬ふ」（一九二四年一〇月）
「「市制」自治と政党政治の関係」『都市公論』第七巻第一〇号（一九二四年一〇月）
「復興倶楽部は何が故に起りし乎——其の目的・使命及其の本質的意義」（一九二四年か）

（編集部）

シリーズ〈後藤新平《ごとうしんぺい》とは何《なに》か——自治《じち》・公共《こうきょう》・共生《きょうせい》・平和《へいわ》〉

都市《とし》デザイン

2010年5月30日　初版第1刷発行 ©

編　者　後藤新平歿八十周年
記念事業実行委員会

発行者　藤　原　良　雄

発行所　株式会社　藤　原　書　店

〒162-0041　東京都新宿区早稲田鶴巻町 523
電　話　03（5272）0301
FAX　03（5272）0450
振　替　00160－4－17013
info@fujiwara-shoten.co.jp

印刷・製本　図書印刷

落丁本・乱丁本はお取替えいたします
定価はカバーに表示してあります

Printed in Japan
ISBN978-4-89434-736-6

「後藤新平の全仕事」を網羅！

『〈決定版〉正伝 後藤新平』別巻

後藤新平大全

御厨貴編

巻頭言 鶴見俊輔

序 御厨 貴

1 後藤新平の全仕事（小史／全仕事）
2 後藤新平年譜 1850-2007
3 後藤新平の全著作・関連文献一覧
4 主要関連人物紹介
5 『正伝 後藤新平』全人名索引
6 地図
7 資料

A5上製 二八八頁 **四八〇〇円**
（二〇〇七年六月刊）
◇978-4-89434-575-1

後藤新平の〝仕事〟の全て

後藤新平の「仕事」

藤原書店編集部編

郵便ポストはなぜ赤い？ 新幹線の生みの親は誰？ 環七、環八の道路は誰が引いた？ 日本人女性の寿命を延ばしたのは誰？ ――公衆衛生、鉄道、郵便、放送、都市計画などの内政から、国境を越える発想に基づく外交政策まで「自治」と「公共」に裏付けられたその業績を明快に示す！

写真多数 ［附］小伝 後藤新平

A5並製 二〇八頁 **一八〇〇円**
（二〇〇七年五月刊）
◇978-4-89434-572-0

今、なぜ後藤新平か？

時代の先覚者・後藤新平

〔1857-1929〕

御厨貴編

その業績と人脈の全体像を、四十人の気鋭の執筆者が解き明かす。

鶴見俊輔＋青山佾＋粕谷一希＋御厨貴／鶴見和子／苅部直／中見立夫／原田勝正／新村拓／笠原英彦／小林道彦／角本良平／佐藤卓己／鎌田慧／佐野眞一／川田稔／五百旗頭薫／中島純 他

A5並製 三〇四頁 **三二〇〇円**
（二〇〇四年一〇月刊）
◇978-4-89434-407-5

二人の巨人をつなぐものは何か

往復書簡

後藤新平－徳富蘇峰 1895-1929

高野静子編著

幕末から昭和を生きた、稀代の政治家とジャーナリズムの巨頭との往復書簡全七一通を写真版で収録。時には相手を批判し、時には弱みを見せ合う二巨人の知られざる親交を初めて明かし、二人を廻る豊かな人脈と近代日本の新たな一面を照射する。

実物書簡写真収録

菊大上製 二一六頁 **六〇〇〇円**
（二〇〇五年一二月刊）
◇978-4-89434-488-4

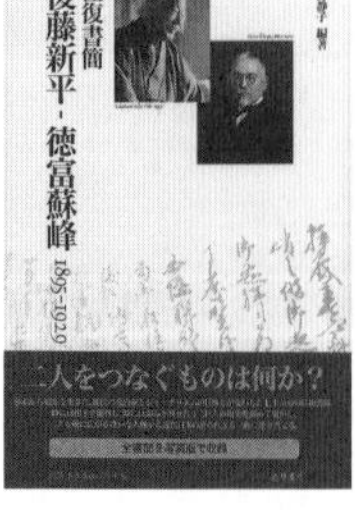

"何ものも排除せず" という新しい社会変革の思想の誕生

コレクション

鶴見和子曼荼羅（全九巻）

四六上製　平均550頁　各巻口絵2頁　**計51,200円**

〔推薦〕R・P・ドーア　河合隼雄　石牟礼道子　加藤シヅエ　費孝通

南方熊楠、柳田国男などの巨大な思想家を社会科学の視点から縦横に読み解き、日本の伝統に深く根ざしつつ地球全体を視野に収めた思想を開花させた鶴見和子の世界を、〈曼荼羅〉として再編成。人間と自然、日本と世界、生者と死者、女と男などの臨界点を見据えながら、思想的領野を拡げつづける著者の全貌に初めて肉薄、「著作集」の概念を超えた画期的な著作集成。

Ⅰ 基の巻——鶴見和子の仕事・入門　**解説・武者小路公秀**

The Works of Tsurumi Kazuko : A Guidance

四六上製　576頁　**4800円**（1997年10月刊）◇978-4-89434-081-7

近代化の袋小路を脱し、いかに「日本を開く」か？　日・米・中の比較から内発的発展論に至る鶴見思想の立脚点とその射程を、原点から照射する。

月報　**柳瀬睦男　加賀乙彦　大石芳野　宇野重昭**

Ⅱ 人の巻——日本人のライフ・ヒストリー　**解説・澤地久枝**

Life History of the Japanese : in Japan and Abroad

四六上製　672頁　**6800円**（1998年9月刊）◇978-4-89434-109-8

敗戦後の生活記録運動への参加や、日系カナダ移民村のフィールドワークを通じて、敗戦前後の日本人の変化を、個人の生きた軌跡の中に見出す力作論考集！

月報　**R・P・ドーア　澤井余志郎　広渡常敏　中野卓　槌田敦　柳治郎**

Ⅲ 知の巻——社会変動と個人　**解説・見田宗介**

Social Change and the Individual

四六上製　624頁　**6800円**（1998年7月刊）◇978-4-89434-107-4

若き日に学んだプラグマティズムを出発点に、個人／社会の緊張関係を切り口としながら、日本社会と日本人の本質に迫る貴重な論考群を、初めて一巻に集成。

月報　**M・J・リーヴィ・Jr　中根千枝　出島二郎　森岡清美　綿引まさ　上野千鶴子**

Ⅳ 土の巻——柳田国男論　**解説・赤坂憲雄**

Essays on Yanagita Kunio

四六上製　512頁　**4800円**（1998年5月刊）◇978-4-89434-102-9

日本民俗学の祖・柳田国男を、近代化論やプラグマティズムなどとの格闘の中から、独自の「内発的発展論」へと飛躍させた著者の思考の軌跡を描く会心作。

月報　**R・A・モース　山田慶兒　小林トミ　櫻井徳太郎**

Ⅴ 水の巻——南方熊楠のコスモロジー　**解説・宮田　登**

Essays on Minakata Kumagusu

四六上製　544頁　**4800円**（1998年1月刊）◇978-4-89434-090-9

民俗学を超えた巨人・南方熊楠を初めて本格研究した名著『南方熊楠』を再編成、以後の読解の深化を示す最新論文を収めた著者の思想的到達点。

月報　**上田正昭　多田道太郎　高野悦子　松居竜五**